家具調テレビの誕生

テレビ受像機のデザイン変遷史

芝浦工業大学デザイン工学部教授／博士（芸術工学）

増成和敏

MIKI PRESS
三樹書房

はじめに

本書は、日本における初期のテレビ受像機のデザイン変遷と、その過程で誕生した家具調テレビ[1]について着目しまとめたものである。日本における工業製品の発展は、第二次世界大戦後（以下、戦後）の復興期から高度経済成長期を経て現在に至るまで日本経済を支えてきた。日本製品は、価格、性能、品質の優秀さから世界で受け入れられてきたが、デザイン[2]も製品価値をつくる役割を担ってきた。デザインは人と社会との関わりの中でモノ[3]をつくる行為であり、近代化を推し進めた工業製品の歴史をデザインの視点から考える際に、人と社会とモノとの関係を考察したS・ギーディオン[4]（１８９４〜１９６８）は、重要な示唆を与えてくれている。本著では、ギーディオンの手法を参考にしつつ、日本の近代化に果たした工業製品のひとつであるテレビ受像機のデザイン変遷について検証したい。

戦後、日本製品のデザイン開発は、欧米製品の模倣から始まったが、欧米からデザイン手法、デザインプロセスを学ぶことで日本独自のデザインを創出するようになった。すなわち、デザインは、製品を支える技術と生活を支える文化、それらの背景にある時代と地域が無関係ではない。

20世紀になって発明されたテレビジョン[5]（以下、テレビ）は、それまであった仕組み、道具の置き換えではなく、新たに生まれたシステムとして現在の私たちの生活にも大きな影響を与えている。テレビ受像機は放送番組を生活の場で享受するためのモノとして、生活環境に適合しながら変容されてきており、大量に生産、消費されてきたモノのひとつである。

日本におけるテレビ開発は、１９２３（大正12）年に高柳健次郎が「無線遠視法」なる着想を提唱し、１９２６年に走査線40本で「イ」の字を送受信するテレビ実験に成功したことに始まる。戦争で開発は一時中断するが、戦後、欧米からの技術導入により製品開発は再開し、１９５３（昭和28）年に本放送を開始した。テレビ受像機の国内普及率は、官民双方の施策もあり1965年に白黒テレビ受像機が95%に達し、普及が遅れたカラーテレビ受像機も1975年に91%となる。大衆化した製品であるテレビ受像機のデザイン変遷について知ることは、今後、普及が予測される製品において、生活者に向けたデザイン開発を推進するために有効である。

テレビ受像機に関しては、技術史、産業史としての研究や文化史、生活史としての文献、書籍が多く、デザイン変遷の視点から日本の生活にどのように適合しながら変容したかについての情報は、正確でないまま言説となっている面も多い。特に、昭和40年代に主流となった家具調テレビについては、「家具調」の呼称が生まれ、使用されるようになった経緯についても明確にされていない。また、松下電器産業株式会社[6]（以下、松下電器）の「嵯峨」に代表される和風ネーミングが市場に浸透したために日本独自のデザインとされている面もあり、家具調テレビの形態特徴の成立過程については明確にされているとは言えない。

そこで、本書では、日本におけるテレビ受像機のデザイン変遷について、生活者と生産者の両視点から検討する。テレビ受像機は、現在では日本の生活に不可欠なモノとなっているが、生活の場に導入され普及し成熟するまでの経緯を明らかにすることで、欧米の影響を受けた製品が日本独自のデザインを獲得し、如何にして様式となったかの理解を深める。ひいては、日本独自のデザイン開発における特徴に関して新たな知見を得ることを望むものである。

人工物におけるデザインについて見た場合、その意味のひとつはモノの外観であり、美意識と好き嫌いで論じられる面がある。もうひとつはモノを生産するために計画する行為である。すなわち、様々な条件を基に計画された結果は製品となって外観に現れる。デザインが変容する過程で差異が生ずるのは多様な要因があると考えられるが、その製品がつくられ、売られ、使用された時代と地域と人によるところが大きいと言えるだろう。

家庭用電気製品（以下、家電製品）のデザインについて、前述の観点から考察する際にテレビ受像機は典型的な対象となり得る。何故ならば、日本におけるテレビ受像機は、欧米製品の影響を受けて導入された機器であるが、現在では日本人の生活に浸透し、日本企業が開発を先導してきた製品だからである。また、導入期から普及期に至る間には三種の神器のひとつとして生活者の憧れの製品であったため、常に生活者からも生産者からも注目されてきたからである。

その中でも、昭和40年代に生まれた家具調テレビは、日本独自の造形発想によるデザインで様式をつくったとされている。欧米製品を模倣して開発され市場導入された製品が、時代と文化を背景にして独自の様式を獲得するに至るまでのデザイン変遷と要因を考察する上で、テレビ受像機の草創期から家具調テレビが誕生し普及するまでを対象とすることの意義は大きい。

第1章、第2章では日本におけるテレビ受像機のデザイン変遷について、第3章、第4章では特に家具調テレビの成立経緯について論述する。

「第1章　テレビ受像機の草創期から普及期」では、日本におけるテレビ受像機の草創期から普及期に至る状況を明らかにするために、1953（昭和28）年のテレビ本放送開始前後から昭和30年代を中心に新聞・社史・公報文献等の史料と当時のデザイナーへのヒアリングを基に考察する。

「第2章　白黒テレビ受像機の成熟期からカラーテレビ受像機の普及期」では、欧米製品の影響を受けたデザインが日本独自のデザインに変容する過程について明らかにするために、昭和40年代を中心に新聞、社史、公報文献等の史料と当時のデザイナーへのヒアリングを基に考察する。さらに昭和50年代についても、家具調テレビの衰退経緯について考察を加える。

「第3章　家具調テレビの誕生と展開」では、「家具調」と「家具調テレビ」の呼称が生まれた経緯について、新聞、社史から明らかにし、家具調テレビの典型とされる「嵯峨」の誕生とシリーズ展開について詳細を明確にする。

「第4章　家具調テレビのデザイン創出過程」では、家具調テレビの典型とされる「嵯峨」について、家具調ステレオ「飛鳥」との関係、校倉造りの造形イメージの形成について検証し、日本調デザインとされる家具調テレビの創作経緯について、文献史料とヒアリングから明らかにする。

以上、第1章から第4章までを通じて、日本におけるテレビ受像機のデザイン変遷と家具調テレビの成立について、史料とヒアリングから得られた情報を手掛かりとして考察し、正確な経緯を再現し検証することとする。

注

1　本書で「家具調テレビ」とは、家具の様式を取り入れた家具のようなデザイン、すなわち「家具調デザイン」のテレビ受像機の中で、特に、コンソールタイプで和風ネーミングの機種を言う。

2　本書で「デザイン」とは、製品の用途、機能を実現する構造、形態、材料、模様、色を生活者に受け入れられるよう美的に統合した状態、またはそのための行為を言う。

3　本書で片仮名の「モノ」は、物理的な存在であることを強調するときに使用する。

4　Siegfried Giedion（1894-1968）：スイス生まれ、建築・美術史家であると同時に、近代建築・デザイン運動のもっとも有力な理論家であり批評家である。著書に『空間・時間・建築』（1941）、『永遠の存在』（1962）他がある。

5　本書で「テレビ」とは、テレビ番組とテレビ番組を放送するテレビ放送局、受信するテレビ受像機、それら全てをシステムとして見たときを言う。

6　2008年10月1日よりパナソニック株式会社に社名変更しているが、本書では、当時の社名である松下電器産業株式会社を使用する。

目次

第2章　白黒テレビ受像機の成熟期からカラーテレビ受像機の普及期のデザイン変遷　79

第4章　家具調テレビのデザイン創出過程　183

第1章　草創期から普及期のデザイン

日本の草創期から普及期のテレビ受像機において、日本製品が欧米の製品からどのような影響を受け、どのようにして日本の生活に相応しいデザインに変容したのであろうか。一般の生活者が初めてテレビ受像機に触れたのは、１９５３（昭和28）年にテレビ本放送が始まって以降であるが、それ以前より開発状況については展示会や新聞等で知らされていた。本章では、日本におけるテレビ受像機の導入から普及までの状況について、デザイン変遷の立場より見てみたい。

テレビは20世紀を代表する発明であり、産業と生活に大きな影響を与えてきた。現在の日本においても日常における生活者の意識と生活スタイル、モノとして住空間に与えている影響は大きいと言える。テレビ受像機は技術開発によって機能と形態を変容させてきたが、それらの製品は生活者によって選択され様式として成立し、その時代と地域の生活環境をつくってきた面を見逃すことはできない。テレビ受像機は、生活者のニーズが機能、形態、デザインを変容させてきた機器であるとも言える。

そこで、草創期より日本市場において高い販売占有率を占めるメーカーのひとつである松下電器のテレビ受像機を中心に国内、海外各社の製品を対象として論ずる。製品に関する情報は、テレビ受像機メーカー各社の広告、カタログ、社史資料と当時の新聞記事、意匠公報を中心に行なった。また、生活者の受容状況を客観的に把握するために、出荷台数、在庫状況等のデータを加えると共に当時のテレビ受像機のデザイン開発に携わったデザイナーへのヒアリングを行なった。

製品開発状況、技術開発状況に関しても可能な限り詳細な経緯を明らかにしつつ、製品の形態にどのように反映されたかを時系列に検証し、日本の草創期から普及期におけるテレビ受像機のデザイン変遷について述べたい。

1 テレビ受像機の発明

テレビ受像機は近代になって発明された機械であり、それ以前にテレビ受像機に代わる道具はなかったことから、形態の拠り所となるもののひとつは、新たに発明された原理、開発された技術であった。1884(明治17)年にドイツのポール・ニポー(Paul Nipkow)が、回転する円盤に等間隔で開けられた穴によって画像走査する機械式テレビを考案し、1925(大正14)年10月30日に英国のジョン・ロジ・ベアード(John Logie Baird)が機械式テレビの実験に成功した。図1-1は、ニポー機械式のテレビ受像機であるが、機械

図1-1
ニポー機械式テレビ受像機　1931『放送の未来につなぐ図録機器100選』、2001(平成13)年

の原理構造がそのまま形態として現れており、大きな円盤の形を外観から見ることができる。１８９７年に映像表示部品としてのブラウン管[7]がドイツのカール・フェルディナント・ブラウン（Karl Ferdinand Braun）によって発明され、ブラウン管を使用したテレビ受像機の開発も進められていた。１９３０年代になると実用化を目指したテレビ受像機が出現してくるが、受像方式としては機械式と電子式、映像の見方としては投射型と直視型があり、どの方式を選択するかで製品の基本形態に大きな差が生まれた。

日本においても１９２３年に日本のテレビ創始者と言われる高柳健次郎が「無線遠視法」なる着想で開発を始めており、１９２６年12月25日には、走査線40本のテレビ実験で「イ」の字を送受信することに成功している。当初より、映像表示部品としてブラウン管が優位にあった訳でないことは、機械式と投射型も開発されていたことから推測できる。図１－２は、高柳健次郎が１９３０年（昭和５）年5月、浜松高等工業学校での天覧時に使用したテレビ受像機で、ブラウン管が使用されている。天覧という特別の場に出す機械に採用されたデザインは、高級な家具の形態に似せたものであった。これは、高柳が住宅に置かれることを前提にしていたためと考えられる。

ニポー機械式とブラウン管方式では原理的な違いからテレビ受像機の形態は必然的に異なっていた。結果としてニポー機械式のテレビ受像機は、解像度の限界から普及には至らなかったが、仮にニポー機械式が進化して現在に至っていたならば、テレビ受像機の形態は、まったく異なる変容を遂げていたであろう。新たな機械を考案するとき、機械の機能

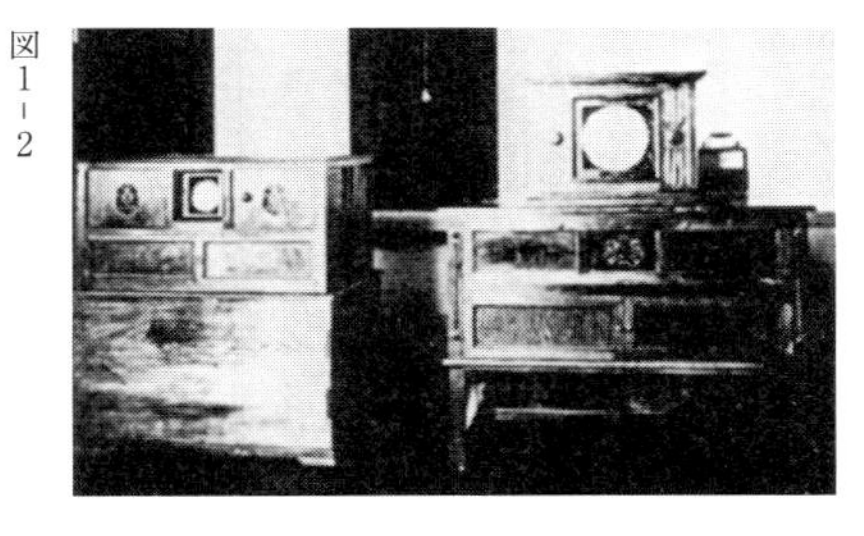

図１－２　天覧時のテレビ受像機　１９３０・５『テレビ事始――イの字が映った日』、１９８６（昭和61）年

を成立させるための原理、構造がその機械の形態を決めると言っても良い例である。製品開発において、意匠的な造形表現や表面材料も重要であるが、機械としての初期開発時における原理、方式に何を採用するかにより、その後の製品形態の変遷は大きく変わると言うことができる。

日本におけるテレビの実用化開発は、1940（昭和15）年に開催が予定されていた東京オリンピックを目標に進められたが、日中戦争により開催を返上したためテレビ本放送の開始は取りやめになり、テレビ受像機の開発も中断することになった。戦後になって開発を再開したときには、既に欧米ではテレビ本放送がスタートしていたためテレビ受像機は普及段階にあり、日本におけるテレビ受像機の製品化は、欧米のテレビ受像機の影響を強く受けることになる。

ブラウン管と製品形態

テレビ受像機の映像表示部品は、発明から実用化に向けて実験が繰り返され製品となる過程で、ブラウン管が主流になっていった。製品の形態を決める要因は、生活者のニーズとそれを実現する技術のシーズであるが、新たな製品の草創期においては、機能を実現するための技術条件によって製品のカタチ（製品形態）が決まってきた面が強い。テレビ受像機においては、基幹部品である映像表示部品、すなわちブラウン管によるところが大きいと言えるだろう。

図1-3　初期のブラウン管　1933
『テレビジョン』、1934（昭和9）年

(1) ブラウン管の偏向角度

テレビ受像機の製品形態を決定する要因としては、ブラウン管の画面サイズとブラウン管本体の長さ（本体長）との関係がある。ブラウン管の外観形状と外形寸法は、製品筐体内で合理的な部品配置を決める上で重要な要素となるからである。

草創期における代表的な製品形態のひとつである反射型コンソールタイプは、ブラウン管の画面を上に向けて縦に配置し、鏡に反射させた映像を観るタイプであった（図１－10、図１－11）。画面サイズに比例してブラウン管本体が長くなるため、１９３９（昭和14）年当時は、10インチ以上の画面サイズではこの方式が採用されている。これは、住空間にテレビ受像機を持ち込むために、製品の奥行きを一定のサイズ内に収める必要があったためであろう。

(2) 画面の形状

ブラウン管は、画像を映し出す管面全体を走査線でスキャンしつつ、映像信号の輝度成分に従って電子ビームの強さを変調する原理によるため、ガラス管内を真空状態にする必要がある。草創期の技術では、真空状態で強度を確保するためには、管面はできる限り球面、正面はできる限り丸型であることが物理的に必要とされた。そのため、初期のブラウン管（図１－３）は丸型であり、画面を観る上で水平基準の視覚的な安心感を与えるために、上下をマスクして矩形に見せることが、１９５０年代初頭まで行われている（図１－４）。

図１－４　Motorola　１９５０（昭和25）年

白黒テレビ受像機の丸型ブラウン管は、電子ビームを制御する技術の進歩と共に次第に角型となる。

テレビ受像機の製品形態を決める要素として、ブラウン管の偏向角度による本体長と画面の形状が与える影響は大きいことから、ブラウン管の進歩と製品形態の変容については、以降も注視したい。

テレビ受像機の基本形態

テレビ受像機と同様に、それまでになかった機能を実現した機械としてラジオ受信機がある。現在では、ひとつの機能として他の機器にも内蔵されているラジオであるが、初期のラジオ受信機は住宅の中で家具を意識したキャビネット形態[8]であった。ラジオ受信機の普及後に誕生したテレビ受像機は、ラジオ受信機の基本形態に影響を受けて、当初はコンソールタイプとテーブルタイプが製品として導入され、その後、技術の革新と生活者の受容変化により、コンソレットタイプ、ポータブルタイプが現れた。欧米においては、戦後すぐに、テレビ受像機にレコードプレーヤーとラジオ受信機を一体化したオールインワンタイプが現れる。オールインワンタイプは、日本でも昭和30年代中頃に導入されるが主流にはならなかった。現在では小型薄型化がさらに進んで、ポケッタブル、ウェアラブルと言われる基本形態もあるが、本書では、主として日本における草創期から昭和50年代までを対象とするため、次のタイプを中心に論じることとする。

(1) コンソールタイプ

１９５３（昭和28）年2月1日のＮＨＫ本放送開始に向けて、日本のメーカー各社が最初に発表したのがコンソールタイプであった。[9] 高級機種として導入されたコンソールタイプは、床置き型の大型キャビネットで、初期のラジオ受信機、ステレオセットでも採用されている形態である。初期のタイプは、画面の下にスピーカーを配置した縦型が主流である。昭和40年代になってでてきた家具調テレビもコンソールタイプである。ラジオ受信機、レコードプレーヤー、テレビ受像機が一体のキャビネットに組み込まれたオールインワンタイプもコンソールタイプである。

(2) テーブルタイプ

コンソールタイプと共に草創期より製品開発が進められたのがテーブルタイプである。普及機種として導入されたテーブルタイプは、小型化を優先したためにスピーカーは側面または天面に配置されていたが、小型スピーカーを画面下または画面の袖に配置したものも卓上に置くことができるものは、テーブルタイプと呼ばれる。昭和40年代後半には、専用セット台に設置して一体型に見せるものが登場する。

(3) コンソレットタイプ

コンソレットとは、小さなコンソールという意味である。当初は、テーブルタイプと同様の機種に着脱式の４本の丸脚を取り付けたものであったが、次第に、コンソレットタイプにすることを前提にして片袖または両袖にスピーカーを配置した横型コンソレットタイプが現れる。脚は着脱式の丸脚である場合がほとんどで、日本では１９５７（昭和32）年以降急激に普及し主流となる。

（４）ポータブルタイプ

１９５７年頃より各社からポータブルテレビ[10]の名称で発売されている。コンパクトで住居内の使用場所へ自由に持ち運べることを前提に、アンテナと把手が付いている。トランジスタ化により小型化が進み、１９６３年以降には画面サイズも12インチ以下の機種が発売される。ＩＣ化、省電力化によりバッテリー駆動が可能となるとアウトドアや車室内での使用も可能となる。

図１－５は、昭和30年代の『アサヒグラフ』に掲載された生活風景であるが、この４つのタイプが、昭和30年代の日本においてもテレビ受像機の基本形態として生活の中に存在していたことがわかる。

日本におけるテレビ本放送開始以前の状況

（１）先進諸国の製品状況

１９２０年代後半になると、テレビの送受信技術開発とテレビ受像機の製品開発が進み、

1)コンソールタイプ

『アサヒグラフ』　1955(S30).4.6

2)テーブルタイプ

『アサヒグラフ』　1956(S.31).12.2

3)コンソレットタイプ

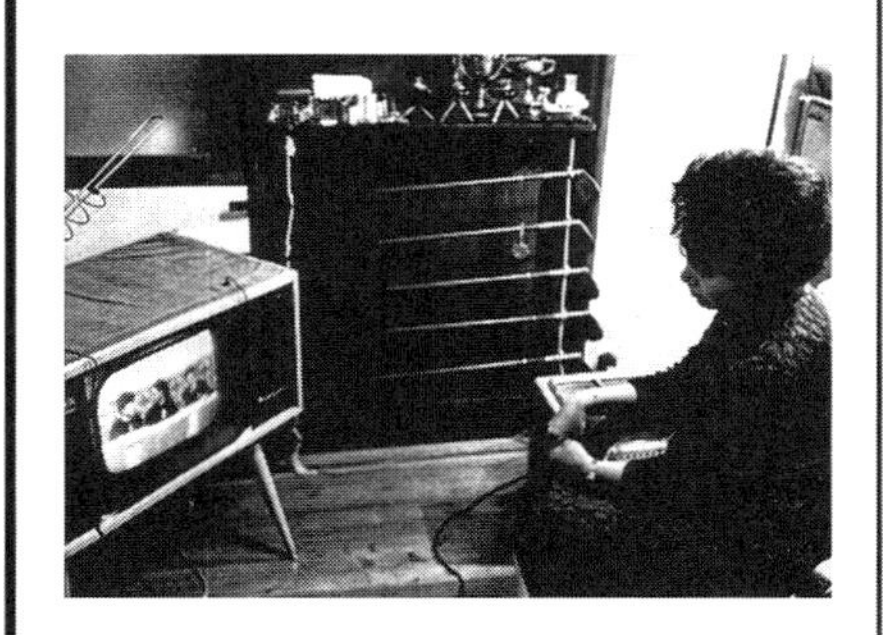

『アサヒグラフ』　1962(S.37).4.13

4)ポータブルタイプ

『アサヒグラフ』　1957(S.32).5.19

図１−５
草創期のテレビ受像機使用風景　『アサヒグラフ』、1955（昭和30）年〜1957（昭和32）年

テレビ放送は実験段階から実用段階に向かう。1928（昭和3）年5月11日に米国ニューヨーク州でゼネラル・エレクトリック（General Electric Company：以下、GE）が放送を開始し、1936（昭和11）年8月1日～14日にドイツではベルリン・オリンピックが放送され、次第に高鮮明なテレビ放送が可能となり、1936年11月2日には英国BBCによって定時放送が開始されている。[11] 家庭で観るための実用的なテレビ受像機として、100本以上の走査線で商品化されたのは1936年8月、英国においてであり、[12] 米国でも1939年には一般消費者に向けたカタログにテレビ受像機が掲載されている。

1939年の各社の宣伝広告、カタログを見ると、Andrea Radioのカタログではテーブルタイプ I-F-5（図1-6）が製品として載っている。RCAビクターのカタログではテーブルタイプTT-5（図1-7）、直視型コンソールタイプTRK-5、TRK-9、反射型コンソールタイプTRK-12（図1-10）が製品として載っている。Westinghouseのカタログではテーブルタイプ WRT-700、直視型コンソールタイプWRT-701（図1-9）、WRT-702、反射型コンソールタイプWRT-703が製品として登場している。GEについては社史[13]によると1939年に、直視型コンソールタイプHM-225（図1-8）と反射型コンソールタイプ（図1-11）の製品が発売されている。

以上より、1939年時点で既に欧米先進諸国のメーカー各社は、実用的な製品を開発し販売していたことが確認できる。しかも、普及機種から高級機種まで製品の差別化を画面サイズで行ない、各画面サイズで製品化できる形態を機種展開していることがわかる。

図１－６
Andrea Radio　I-F-5　1939（昭和14）年

図１－７
RCA Victor　TT-5　1939（昭和14）年

図１－８
GE　HM-225　1939（昭和14）年

図１－９
Westinghouse　WRT-701
1939（昭和14）年

図１－10
RCA Victor　TRK-12
1939（昭和14）年

図１－11
GE　1939（昭和14）年

（2）日本における開発状況

日本においても、1939年には、実用化できるレベルのテレビ受像機がつくられており、日本ビクターが開発した一号機（図1-12）とNHK技術研究所の試作機（図1-13）は、共に反射型コンソールタイプが採用されている。

本放送が始まっていない段階で開発されたこれらのテレビ受像機は、実験放送を受信するためのもので、一般生活者に向けての製品ではなったことは明らかであり、開発段階の試作機レベルであった。しかし、テレビ受像機は、住空間に置かれることを前提にして開発されていたために、草創期より製品筐体の小型化薄型化が追求されていた。初期開発段階において反射型が選択されたのは、ブラウン管を使用して薄型の筐体を実現するためであった。その後、現在まで「大画面で薄型」という要望に応える形で、方式としては背面投写型も考案された。表示デバイスとしては、液晶、プラズマ、EL（Electro Luminescence）などの技術開発と製品開発が進められている。

2　日本におけるテレビ受像機の草創期

草創期において、テレビという新たなシステムとテレビ受像機が、どのようにして生活者に伝えられたかを新聞記事から紹介する。また、その時期に生活者が目にした日本製品が海外製品から受けた影響について、技術とデザインの視点より考察し、特にデザインに

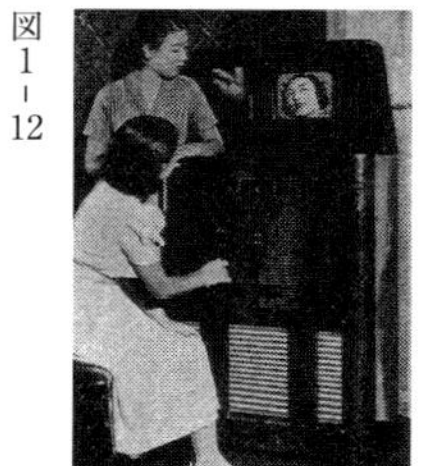

図1-12
日本ビクター　一号機　1939『日本ビクターの60年』、1987（昭和62）年

ついては、当時の企業内での開発状況を明らかにする。

テレビの啓蒙

日本におけるテレビの啓蒙は、1953（昭和28）年2月1日のテレビ本放送開始以降に始まったのではなく、それ以前から、新聞記事でテレビに関する情報が提供されていたことが確認できる。記事からは、テレビとは何かを伝えた様子と大衆の反応を知ることができる。以下、昭和20年代の『朝日新聞』を通読し、昭和20年代のテレビを取り巻く状況について、記事と広告より、特に啓蒙、普及活動に関する内容を紹介する。

1945（昭和20）年10月14日付朝刊

「着色テレヴィジョン　テストに成功」のタイトルのニューヨーク特電で、「『奇跡のラジオ』と呼ばれる着色テレビ、クライスラー・ビルから半マイルの研究所で受信に成功」と報じられている。この記事では、海外のテレビがカラー化の方向にあることを伝えており、日本と米国との技術格差が広がっていることが報じられている。

1948（昭和23）年3月8日付朝刊

海外トピック「パリの流行もテレヴィで」のタイトルで、「パリ春の流行を見せるファッションショウが映画に収められ4月1日からテレビでニューヨーク市民に紹介される」と

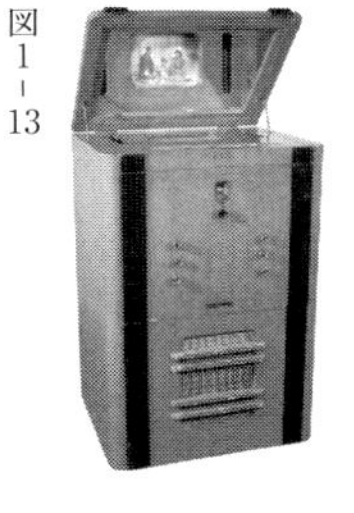

図1-13　NHK技術研究所試作機　1939『放送の未来につなぐ図録機器100選』、2001（平成13）年

あり、テレビの可能性と魅力を伝えている。

1948（昭和23）年9月11日付朝刊

「テレビ実験と講演」のタイトルで、「テレビ同好会と共に、13日（日）本社講堂で科学講演と東芝製作のテレビの実験映写をする」とあり、テレビを現実味の帯びた話題として取り上げている。

1951（昭和26）年9月20日付朝刊

「早くも組み立て内職も〝テレビ時代〟来る」のタイトルで、「アマチュアのテレビ組み立て人気……放送方式、白黒でスタート……」とあり、試験電波を受信することに興味を持った市民の存在が報じられている。

1951（昭和26）年10月4日付朝刊

「繁華街に受像機　明年5月から放送始む　日本テレビ（日本テレビ放送網㈱）放送施設をアメリカより購入」のタイトルで、「放送開始とともに銀座、日比谷、新橋、横浜桜木町など12カ所に公衆用受像機を設ける」とあり、NHKに続いて民間でもテレビ放送を開始することが公となる。

図1-14　公開放送に集まる観客『朝日新聞』、1952（昭和27）年10月20日

1951（昭和26）年12月29日付朝刊
「客寄せにテレビ」のタイトルで、銀座の大衆レストランに15万円もするテレビ受像機がお目見えしたと、写真と共に伝えている。これは、本放送開始前よりNHK技術研究所から出ていた試験電波を受信したものであると推測できる。テレビの魅力を集客に利用し、大衆にアピールしたことを伝える興味深い記事である。

1952（昭和27）年10月20日付朝刊
「高値の見物」のタイトルで、東京都内の各デパートで来春のテレビ放送開始に備えて輸入テレビが販売されており、一般家庭用の17インチで19万8千円、商業用の20インチが34万円でほとんど売れていないが、「タダ見せる公開放送にはドット客が集る」と、客が集まる様子が報じられている（図1－14）。

1953（昭和28）年2月2日付朝刊
「テレビ本放送始まる　病院の待合室にも受像器」のタイトルで、前日の本放送開始を「この日、街ではテレビの話題が人気を集めていた」として、銀座の様子を「『眼で見るラジオだ』と銀座の人足をさらって、一つのテレビに数百人もの人だかり」と表現し、「テレビに集まる人気」と題する写真で紹介している（図1－15）。

このように、本放送の始まる以前より普及啓蒙活動が行なわれ、その過程でテレビ受像

図1－15
本放送開始に集まる観客『朝日新聞』、1953（昭和28）年2月2日

機のイメージはつくられたと言えるだろう。

本放送が開始され、テレビ受像機の販売が正式にスタートした１９５３（昭和28）年には、自社ブランドのテレビ受像機を宣伝するための懸賞広告が目立つ。松下電器は、「テレビ本放送開始記念　家庭電化器具１０００万円贈呈！　特賞ナショナル17吋コンソール型テレビ受像機（１７Ｋ-５３１）１台（４月10日～６月10日）」、三洋電機株式会社（以下、三洋電機）は、「サンヨーラジオカーニバル　テレビが当たる幸運の電球進呈（９月20日～11月30日）」を行なっている。

テレビ受像機メーカー以外の懸賞広告でも、フルヤのキャラメルが「ナショナル14吋テレビを差し上げる！１９５５（昭和30）年」、仁丹友の会が「17吋テレビと人気カメラが当る！１９５６（昭和31）年」が確認できる。賞品としてテレビ受像機が取り上げられたのは、当時まだ高価だったテレビ受像機が大衆の夢であり、憧れの生活をイメージさせるものであったためで、こうしたイメージ形成が、その後のテレビ受像機に対する生活者の価値観となり、デザインの方向性を決める上で高級感、存在感といった表現が重要視される要因となったと考えられる。

海外製品からの影響

草創期の開発において、松下電器は１９５１（昭和26）年11月に米国ハリクラフター（Hallicrafters）社製のテレビ受像機を購入して持ち帰り、これを本格的な製品開発をする

図１-16　Hallicrafters 1951『テレビ事業部10年史』、１９６４（昭和39）年

上での基礎資料としている。[14] また、テレビ受像機の技術開発を先導し、各社と共同研究していたＮＨＫ技術研究所でも、ハリクラフター社から１９５２年に発売された１７-８１６型（図１-16）を入手し研究している。[15] ＮＨＫ技術研究所とテレビ部品技術会（１９５２年から１９５５年まで活動）は、標準的なテレビ受像機開発を推進しており、その成果として１９５５年に14インチのＴＶＫ-６型（図１-17）を発表している。業界団体の共同研究としては、１９５２年に設立された財団法人電波技術協会に「テレビ調査委員会」が設置され、海外で使用されているテレビ受像機が輸入され調査検討されている。[16] デザインについては、産業工芸試験所意匠部の知久篤が、１９５３年５月号の『工芸ニュース』で「テレビ・キャビネットのデザイン」と題して、「一般にわが國メーカーは特に海外のメーカーと技術提携しているところが多く、相手メーカーの技術と共に機械、キャビネットも輸入し、これをまず第一のデザインの基盤として生産に移しているようである。ためにこれら相手メーカーの影響を多少にかかわらずデザイン上にも受けているとみてよい」と述べている。

このようにテレビ技術の開発は、既にテレビ放送が始まっていた欧米よりテレビ受像機を持ち帰り分解することから再開されていることから、各社のデザイン開発が、欧米の製品を参考にして始まったことは明らかであろう。また、各社の開発者が共同していることから、参考にした海外の製品情報に関しても共通のものが多かったようである。

１９５３（昭和28）年１月に早川電機工業株式会社（以下、早川電機）が国産一号機と

図１-17　ＴＫＶ-６型　１９５５『放送の未来につなぐ図録機器１００選』、２００１（平成13）年

して一般消費者に向けて発売したシャープテレビTV3-14T（図1-18）は、14インチで価格175、000円である。当時の1ヵ月の世帯収入平均は、26、000円[17]であることから、大衆の生活からはかけ離れた高価な製品であったことがわかる。

社史[18]によると松下電器は、17インチ角型ブラウン管を使用した17K-531コンソールタイプ（290、000円）（図1-19）を1953年年6月に発売しているが、同時に技術提携を行なっていたフィリップス社より167台のセットを輸入し改造して発売している。その後も9月、10月にテーブルタイプ、コンソールタイプが計3、200台輸入販売され、販路の開拓に使用されている。[19] 草創期の各社の販売は、海外モデルに依存しており、1956（昭和31）年頃までかなりの数量のブラウン管と製品が輸入され市場に供給されている。[20]

1953年度の国内生産台数2万台に対して、海外製品は5800台が輸入販売されており、[21] 既にシャープテレビTV3-14T等の日本製品も発売はされていたが、日本の生活者が最初に購入したテレビ受像機が海外製品であった可能性は高いと推測できる。

1953年9月の『アサヒグラフ』には、米国シルバニア（SYLVANIA）社製のテーブルタイプ（図1-20）とコンソールタイプ（図1-21）のテレビ受像機の広告が掲載されており、普及期に入っていた欧米のメーカーが日本市場をターゲットにしていたことがわかる。

草創期のテレビ受像機は、先端的生活者の住空間で使用されると共にテレビを啓蒙する

図１－18
シャープ　TV3-14T　1953 『早川電機工業株式会社50年史』、1962（昭和37）年

図１－19
松下　17K-531　1953 『テレビ事業部門25年史』、1978（昭和53）年

図１－20
SYLVANIA　1953 『アサヒグラフ』、1953（昭和28）年９月23日

図１－21
SYLVANIA　1953 『アサヒグラフ』、1953（昭和28）年９月９日

ための街頭宣伝、各社の販売網構築のために使用されている。生活者が目にした最初のテレビ受像機は、欧米の製品または欧米のデザインに強く影響を受けた日本製品であったために、基本形態、キャビネット形態に欧米製品との類似点が見られる。これらの類似点は、部品配置、加工組立技術を学ぶ過程で、影響を受けた可能性が高いと推測できる。

企業におけるデザイン開発

戦後間もない日本は、進駐軍から豊かな生活とデザインの必要性を学び[22]、1950年代になって各社は、デザイン部門を創設し始める。松下電器においても1951（昭和26）年に真野善一が中心になり本社にデザイン部門が設置された。[23] 真野の名前による最初のテレビ受像機の意匠登録は、1952（昭和27）年10月7日出願の意匠登録第101971号（図1－22）である。これは、松下一号機17K－531の本意匠である。当時の松下電器は事業部制[24]をとっており、テレビ事業部門でも久田敏夫が中心となりデザイン開発を始めていた。17K－531と類型デザイン17K－544の意匠登録は、1954（昭和29）年5月20日出願の意匠登録第101971号の類似1で、考案者には久田の名前がある。類似意匠の考案者が本意匠から代わり、次期製品に使用されていることから、真野から久田へテレビ受像機のデザイン担当が移ったと推測できる。久田の専門は、木工・家具デザインであり[25]、最初の意匠登録は、1953（昭和28）年5月26日出願の意匠登録第104984号（図1－23）の扉付きコンソールタイプであることから、草創期のテレビ

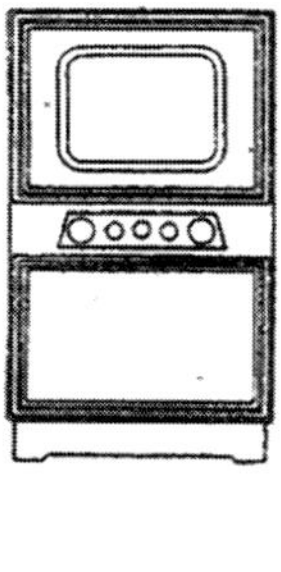

図1－22
意匠101971号　1952（昭和27）年10月7日意匠出願

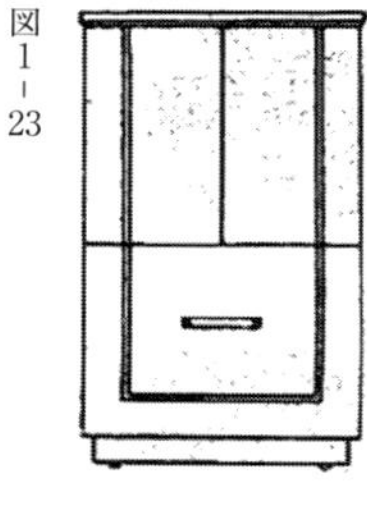

図1－23
意匠104984号　1953（昭和28）年5月26日意匠出願

受像機に家具のデザインを取り入れようとしていたことが見てとれる。

１９５０年代前半に設立されたデザイン部門の役割は、販売に結び付けるためのデザイン開発であり、そのためには、住空間に受け入れやすいデザインが必要であると考えたのであろう。家具を専門とするデザイナーの採用は、その答えを人々の生活空間に既に存在していた家具に求めたためと思われる。それは、松下電器において、家具に関する情報は、雑誌、欧米現地デザイン調査より入手され、社内で共有、活用されていたことからもわかる。[26]

普及のための方策

（1）性能、品質のアピール

機器の進化は、機能の開発とその機能を生活の中で活用できるようにすることである。そのため、性能と品質を向上させる開発を繰り返している。

テレビ受像機の基本機能は、放送を受信し、映像と音を出力することである。本放送開始当初は電波状況が悪かったため、受信性能が高いことが最も生活者にアピールするとして、それを広告コピーにして生活者に伝えられた。[27] 受信性能を表現する言葉としては、近距離用と遠距離用があり、より性能が高いことを遠距離用と表現して性能が競われた。１９５５（昭和30）年の広告記述によると、画像品質の表現では、「映像はアイ・ファイEye-Fi音はハイ・ファイHi-Fi」（松下電器）、「飛び出す様な現実像（リアルイメージ）の再生」（三菱電機）、「鮮明で美しいハイ・ファイ・スコープ」（八欧無線）といった各社が、高品質をアピールする広告コピーとなり、製品イメージの高揚が図られている。音響品質の表現は、当初副次的に扱われていたが、普及と共に生活者にアピールする差別化の手段となっている。[28] メーカー各社は、これらの性能、品質を製品で見てわかるらせることが困難であったため、製品全体のイメージを高めることで性能、品質に対する信頼感を得る方策を取り、高級感のある表面加工を施したブランド銘板を採用することで表現している（図1－24）。

(2) 購入しやすい状況づくり

生活者の購入動機のひとつに価格があり、同等の製品価値を持つものであれば、価格が安いものほど販売が伸びる。そのため、生活者に受け入れられるためには、製品価値を高めると共に製品コストを下げる必要があり、購入しやすい状況づくりが求められた。

早川電機が１９５４（昭和29）年9月に14インチで10万円以下のＴＶ-１００（９９、５００円）テーブルタイプ（図１－25）を発売し、これをきっかけに松下電器の製品においても低価格化が進んだ（第1章3節2項　松下電器のデザイン変遷参照）。昭和30年代は、各社とも市場開拓と占有率アップを目指して、製品のコストダウンによる価格改定と連動した機種開発、デザイン変更を頻繁に行なっている。低価格化は市場を拡大させ、企業内に生まれたばかりのデザイン部門にとっても、コストダウンは経営参加の立場から重要な取り組みとなった。

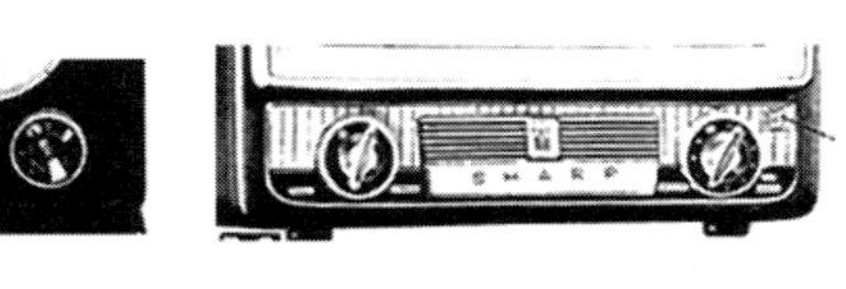

図１－24
各社のブランド銘板　１９５６
左上：ゼネラル、右上：早川電機　左下：三菱電機、右下：松下電器

松下電器においては、社長の松下幸之助より「製造を合理化して値を下げてもよいし、君達の働きにより給料が上がってもよい、理由は問わないから君達が買える価格にしろ」[29]との指示のもとコストダウンが進められた。家具のように高価だった当時の木製キャビネットを、鉄板にラッカー塗装したものや、ハードボードの導入などによって量産を図ったとされている。１９５５（昭和30）年５月に発売した17インチテーブルタイプＴ-１７１１（１４５、０００円）が、松下電器で金属製キャビネットを使用した１号機とされている。Ｔ-１７１１の広告（図１-26）によると、木製キャビネットのモデルも用意されており、価格は１４９、０００円であることから、金属製キャビネットがコストダウンに有利であったことがわかる。14インチテーブルタイプＴ-１４８１の広告（図１-27）でも、金属製キャビネットが木製キャビネットに対して価格は１、０００円低いことが確認できる。その後、松下電器では金属製キャビネットを内製化し、合理化のためにキャビネット製造用自動スポット溶接機を開発している。[30]これらの成果からキャビネットのコストダウンが重要とされ、１９５７年９月より稼働したテレビ事業部茨木キャビネット工場では、Ｔ-１４Ｃ１とＴ-１４Ｒ１より金属製キャビネットが本格的に使用されている。

メーカー各社は、既にラジオ受信機において実績のある月賦販売を市場開拓の手段として導入し、広告では現金正価と月賦正価の両方が表示され、月賦ででも買いたいと思わせる高価な耐久消費財に相応しい高級感がデザインに求められた。しかし、生活者が求める高級感を付加することとコストダウンの関係は相反する面もあり、主要因である外装部品

図１−25
早川電機　TV-100　『アサヒグラフ』、1955（昭和30）年

図１−26
松下電器　T-1711広告　『毎日新聞』、1955（昭和30）年12月８日

図１−27
松下電器　T-1481広告　『アサヒグラフ』、1957（昭和32）年

の材料、加工については、生活者と生産者の両視点から調査、考察を行なう（第2章3節1項　キャビネットの素材と工法）。

さらには普及の一環として月額でテレビ受像機を貸し出し、家庭で使用できる状況をつくった貸しテレビがある。1955年10月21日『毎日新聞』の昭和テレビ販売K.K.の広告で、「貸しテレビ　ナナオラ・東芝　月三千円で……」（図1-28）とあるように、昭和30年代のはじめに、貸しテレビの広告が多く見られる。これは、生活者がテレビのある暮らしを願望していたことの現れと見ることができる。

3　昭和30年代のテレビ受像機

昭和30年代のテレビを取り巻く状況について、新聞記事より紹介すると共に、主要メーカーのひとつである松下電器のテレビ受像機のデザイン変遷について概観する。その上で、欧米製品の事例より日本製品に影響を与えた形態について明らかにし、住空間での設置方法と使われ方の視点から、生活者が受容した形態と受容した理由について考察する。また、テレビ受像機の画面、音、操作について、技術開発が与えた形態の変容についても見ていくこととする。

図1-28　貸テレビ広告『毎日新聞』、1955（昭和30）年

テレビを取り巻く状況

1955（昭和30）年1月から1964年12月まで10年間の『朝日新聞』を通読し、テレビを取り巻く社会状況と生活者の意識変化について、特に注目した内容を紹介する。

1955（昭和30）年5月13日付朝刊

「〝五万円のテレビ〟へ」のタイトルで、「スポーツ・シーズン開幕とともに売足もきまって伸びる。近ごろは月賦だけでなく一日百円の日掛けテレビや、損料月千円の貸テレビが大もて。フロ屋から居酒屋まで〝テレビ受像中〟のカンバンで客足を集める」と、世の中のテレビブームの状況が伝えられている。その要因として、「テレビにも番組競争が始まって魅力が出てきたこともあるが、何よりも国産品が品質の割に値段が安くなってきたせいだ」とした上で、「有力メーカー八社も標準ものの十四インチ中心にしのぎを削っているので、五万円の〝大衆テレビ〟もそう遠いことではないらしい」と、さらなるテレビ受像機の価格低下によるテレビの大衆化を予測している。

1956（昭和31）年2月17日付朝刊

「四万円テレビ　一流品が半値で街に　担保流れなど　業界は大騒ぎ」のタイトルで、「小売値段が10万円近くもする一流メーカー製14インチテレビがいまや半額の4、5万円でジャンジャン街で売られ始め正価を崩されて業界内部は大騒ぎ」と、担保流れ等による安売り状況に値下がりを心配するメーカーの様子が紹介されている。

1956（昭和31）年12月16日付朝刊

「北海道から九州までひろがったテレビ網　NHK、札幌に開局〝冬ごもり〟の人々が歓迎」のタイトルで、「NHKの札幌テレビは来る二一日に開局する。これで、北は北海道から南は九州までのテレビ網が一応出来上ったわけで、全国の世帯数の半分近くがテレビを見ることができるようになる」として、テレビ放送網が全国へ広がることによって、テレビが普及することを歓迎する様子が報じられている。

1957（昭和32）年11月23日付朝刊

「14インチテレビ　正価7万円を割る（メーカーもの）」のタイトルで、「早川電機ではこのほど六万六千五百円の十四インチ卓上型テレビを売り出した。従来からある七万円台のテレビにくらべると、真空管の数が十六個で二個少ないが、一流メーカー品で七万円を割ったのはこれが初めてである……一部の安売り屋は相場を四万円台に下げ、二、三のデパートも三万円台の特選テレビを売り出しており、一流メーカー品の正価が七万円を割るのは時間の問題」として、流通販売の動向による価格低下が報じられている。

1958（昭和33）年11月4日付朝刊

「上手なテレビの見方と取扱い方　直射光を避ける　14インチ適視距離1・25メートルから1・5メートル」のタイトルで、テレビの急激な普及の理由はいろいろとあるが、「なんといっても地方テレビ局の開局が最大の原因」として、「テレビが家庭に入り込むにつれてテレビをめぐる話題も少なくない」としている。「十四インチのテレビだと画面の高さは約二十五センチになりますから、適視距離は一・二十五メートルから一・五メートルになります。またテレビの画面は目の位置よりも少し低いところが見やすいこともつけ加えておきましょう……部屋の明るさはあまり明るすぎると見にくいものですが、逆に暗すぎるとかえって目が疲れます……電灯の光が直接テレビの画面に入るようなのも見にくい原因」として、家庭内でのテレビの見方についてイラスト入りで説明している。

1959（昭和34）年3月12日付朝刊

「テレビとこども　文部省の調査」のタイトルで、「『テレビジョンと子ども』の関係は世界的な大きな問題だ」として、「購入動機、視聴時間、生活習慣、映画・新聞・ラジオ、読書、スポーツ・遊び交友、勉強、学業成績、テレビの見せ方などいろいろな角度から父兄の立場、子供のみかた」についての調査結果が紹介されている。購入動機の中では、「一家だんらんのため」が61％でトップとなっており、テレビ受像機のデザインに家族団欒のイメージが求められていた。

１９６０（昭和35）年11月13日付朝刊

「値下げ競争が本格化　テレビ業界　普及型売り出す」のタイトルで、「テレビ業界では最需要期の年末をひかえ新型テレビの発表を行なっているが、三洋電機の現金正価五万二千円の普及型発表に次いで、三菱電機では十八日から小売り正価五万二千円という業界初めての安値で普及型を発売することになったため、値下げ競争は一段と本格化する勢いになってきた」とあり、テレビ受像機の価格低下が報じられている。

１９６１（昭和36）年９月８日付朝刊

「普及は三千台程度か　カラーテレビ本放送一周年」のタイトルで、東京ＮＨＫ新館の街頭受像機前に集まる観客の写真を掲載している。カラーテレビは話題にはなっても、カラーテレビ受像機が高価であるために普及が進んでいないことが報じられている。

１９６２（昭和37）年１月30日付夕刊

「テレビに〝16型時代〟が来そう　広角で見やすい画像　家庭用の本命薄いブラウン管」のタイトルで、「これまでの14型ブラウン管」と「新しい16型用ブラウン管」を写真で比較し、受像機本体も14型テレビよりも16型テレビの方が奥行きが短いことから、「新しい薄型の〝16インチ〟テレビが、ことし後半から各社いっせいに増産する動きをみせ、２、３年たつと、いままでの〝14インチ〟テレビに代る家庭用標準テレビの本命になるのではないかとみられている」として、画面の大型化と奥行きの短いことが主流となるとみている。

1963（昭和38）年1月6日付朝刊

「放送持論　テレビの変容」のタイトルで、民俗学者の梅棹忠夫（当時大阪市大助教授）の論説が掲載されている。テレビの生活への受け入れ方について、自動車と同じようにテレビにシメ飾りをする神性があるかと問いかけつつ、「受け入れ方に関することだが、わたしの家なんかでは、食事をしながらテレビを見ることは禁止事項になっている。なぜかと問われると返答にこまるのだが、なんとなく行儀がわるいような気がするのだ。一般にはどうだろうか。また、寝そべってテレビを見ることも、どうもぐわいが悪いように思う……」と言っている。全国どこでもテレビ視聴が可能になることでテレビが変容するか、地方が都市化する「『都市ローカル』の世界にまきこんでしまうのだろうか」と結んでいる。

1963（昭和38）年7月5日付朝刊

「19型テレビを量産へ　年内には月5－7万台」のタイトルで、各社の大型テレビ分野進出が目立ち始めたとし、これまで大型化に踏み切れなかった理由を「①十六型を開発したのち、いっせいに十二型以下の小型テレビに主力を注いだ　②大型ブラウン管のコストが高かった　③テレビの物品税の税率が昨年三月まで十七型以上三十％、十六型以下二十％

だったため、十七型以上の生産を敬遠していた」として、前年４月から19インチまでの税率が20％に改定されたのをきっかけにして画面サイズが大型化していると報じている。

１９６４（昭和39）年10月17日付夕刊
「伸びるカラー放送　五輪を突破口に各局、放送時間ふやす」のタイトルで、「オリンピック、とくに開会式の美しいカラー画面には、賛嘆の声を惜しまない人が多く、オリンピック後のカラー放送の伸びに期待する向きも、少なくはないようだ」と、東京オリンピックをきっかけとしたカラーテレビブームへの期待が報じられている。

新聞記事から昭和30年代は、テレビ受像機の価格低下による需要増がさらなる価格低下を引き起こすことで普及が広がった時期であることが確認できる。この間に住空間におけるテレビ受像機の画面サイズの主流は、14インチから16インチとなり、19インチへの流れが見えてくる。これは、物品税率の変更によるところが大きい。

テレビ受像機に関する新聞記事内容と普及率、世帯実収入の推移（表１－１）を見ると、昭和30年代はじめに５万円のテレビ受像機が話題になったとき、１世帯１ヵ月の実収入の２倍近くであったことがわかる。しかし、１９６４年には実収入がほぼ６万円になり、19インチの白黒テレビ受像機が１ヵ月の実収入内で購入できるようになって、普及率は92・９％になる。カラーテレビ受像機は、１９６４年の出荷台数が５３、０００台程度しかない状況

年別	白黒テレビ受像機 出荷数量（台）	カラーテレビ受像機 出荷数量（台）	総出荷数量（台）
1957（昭和32）年	589,580		589,580
1958（昭和33）年	1,217,199		1,217,199
1959（昭和34）年	2,834,142		2,834,142
1960（昭和35）年	3,559,741		3,559,741
1961（昭和36）年	4,549,084		4,549,084
1962（昭和37）年	4,750,640	5,639	4,756,279
1963（昭和38）年	4,883,803	5,090	4,888,893
1964（昭和39）年	5,095,196	53,365	5,148,561
1965（昭和40）年	4,226,134	95,782	4,321,916
1966（昭和41）年	5,014,489	493,304	5,507,793
1967（昭和42）年	5,515,598	1,240,067	6,755,665
1968（昭和43）年	6,419,590	2,738,592	9,158,182
1969（昭和44）年	7,033,490	4,768,442	11,801,932
1970（昭和45）年	6,227,771	5,781,303	12,009,074
1971（昭和46）年	5,610,415	7,466,042	13,076,457
1972（昭和47）年	4,670,592	8,259,020	12,929,612
1973（昭和48）年	3,745,384	8,588,249	12,333,633
1974（昭和49）年	3,591,733	7,023,156	10,614,889
1975（昭和50）年	3,286,079	7,765,133	11,051,212
1976（昭和51）年	4,543,401	10,311,538	14,854,939
1977（昭和52）年	4,657,701	9,459,139	14,116,840
1978（昭和53）年	4,619,596	8,723,436	13,343,032
1979（昭和54）年	4,039,524	9,303,749	13,343,273
1980（昭和55）年	4,172,645	10,829,069	15,001,714

出荷数量は日本機械工業会発行『機械統計年報』資料による。
普及率は非農家世帯で、昭和32年、33年は経済企画庁「消費需要予測調査」、
34～52年は同「消費需要予測調査」、53年以降は同「消費動向調査」資料による。

表1－1
テレビ受像機の出荷台数と普及率と実収入の推移

であったにも関わらず、新聞記事では話題になっている。テレビを取り巻く状況を概観すると、昭和30年代は、1964年開催の東京オリンピックに向けての高度経済成長と連動するかたちで白黒テレビ受像機の普及が進行した時期である。また、普及と共に子供への影響、家庭内での影響について議論されるようになるが、テレビ受像機の存在は家族団欒の中心となり、それに相応しいサイズ、形態、デザインが求められるようになったと見ることができる。

松下電器のデザイン変遷

昭和30年代における松下電器の販売占有率[31]は、10%後半から20%以上になり、日本における松下電器テレビ受像機のデザイン変遷を見る上で適切なメーカーのひとつである。以下、昭和30年代の松下電器テレビ受像機のデザイン変遷について概観する。

1955（昭和30）年

この年からの日本経済は神武景気と言われ、テレビ受像機の販売も前年までの曙光の草創期から普及に拍車が掛かる時期であった。普及を加速するためのコストダウンが外装部品でも検討され、それまで全てのキャビネットが木製であったのが、5月にメタルキャビネットを使用したT-1711M（145,000円）を発売している。また、6月に10万円を割るテレビ受像機としてT-1422（99,500円）、10月にT-1423（89,500

円）を発売している。

１９５６（昭和31）年

テーブルタイプの14インチが主流となり、5月にT-１４６１（７３、０００円）を発売し、順次機種展開している。大画面の機種では、2月に21インチのコンソールタイプ扉付C-２１３１（２４５、０００円）、12月に21インチのテーブルタイプT-２１９２（１８９、０００円）を発売している。この年よりブラウン管の70度偏向から90度偏向への切り替えが行われており、奥行きの短い製品が出てくる。

１９５７（昭和32）年

14インチのテーブルタイプに４本の丸脚を付けたコンソレットタイプが出てくる。社史の製品写真によると7月に発売された14インチP-１４０１（７０、０００円）が４本の丸脚の付いた最初の機種である。この機種は、操作部とスピーカーを側面に配置してコンパクト性を優先し、取っ手が付いておりポータブルと呼ばれている。同じ7月に楕円スピーカーを前面に配置して音に配慮したT-１４４０（７６、５００円）が発売されている。11月には、14インチ両袖スピーカーのコンソレットタイプS-１４L１（８６、０００円）が発売されており、14インチでテーブルタイプ、ポータブルタイプ、コンソレットタイプのデザイン展開が行なわれている。

1958（昭和33）年

4本の丸脚付きが一般化し、2月に14インチテーブルタイプT-14C1（66、500円）とT-14R1（73、000円）を発売している。

1959（昭和34）年

3月にワイヤードリモコン付きのT-14R1R（69、500円）を発売し、7月に「人工頭脳テレビ」のキャッチフレーズで発表したAFT方式（チャンネル切り替え時の微調整の自動装置）を採用したT14-R7（図1-29、67、500円）を発売している。

1960（昭和35）年

9月に、松下としてのカラーテレビ1号機K21-10（500、000円）をコンソールタイプで発売するが、あまりに高価であったために普及タイプのデザインに影響を与えることはなかった。14インチの価格競争の中で12月に、「ホームテレビ」の愛称でT14-P1（図1-30、51、000円）を発売している。T14-P1は現在から見るとシンプルで斬新なデザインであるが、その後の機種には影響を与えていない。社史によると、「回路構成を全く一新し、外観、構造を一変してコストダウンをはかり、各社を一歩ぬきんでたものとして世に問うたのですが、そのシンプルさはまだ受け入れられず[32]」とある。11月に、トランジスタを使用した8インチポータブルタイプP8-T1（78、000円）が発売され、アウトドアでの使用等テレビ用途の拡大が狙いとされている。

1961（昭和36）年

前年のT14-P1は、コストダウンを目的として開発されたが、コンパクトでシンプルなデザインを理由に販売が伸びなかった。その反動から高級感を追求したと思われる「メタリックな新感覚なデザインの基調」[33]を取り入れた機種として、6月に片袖コンソレットタイプF14-X1（図1-31、46、000円）、11月に両袖コンソレットタイプF14-E3（図1-32、51、500円）を発売している。11月には、業界初の14インチ110度偏向ブラウン管を使用して薄型化を実現したポータブルタイプP14-N1（図1-33、56、000円）を発売している。

1962（昭和37）年

4月より物品税20%の適用範囲が14インチ以下から20インチ以下に拡大されたことが一因となり、主流の画面サイズが14インチから16インチになる。前年まで14インチであったコンソレットタイプは16インチとなり、コンソールタイプでも7月に16インチC16-28G（65、500円）を発売している。

図1－29
松下　T14-R7　1959
『テレビ事業部10年史』、
1964（昭和39）年

図1－30
松下　T14-P1　1960
『テレビ事業部10年史』、
1964（昭和39）年

図1－31
松下　F14-X1　1961
『テレビ事業部10年史』、
1964（昭和39）年

図1－32
松下　F14-E3　1961
『テレビ事業部10年史』、
1964（昭和39）年

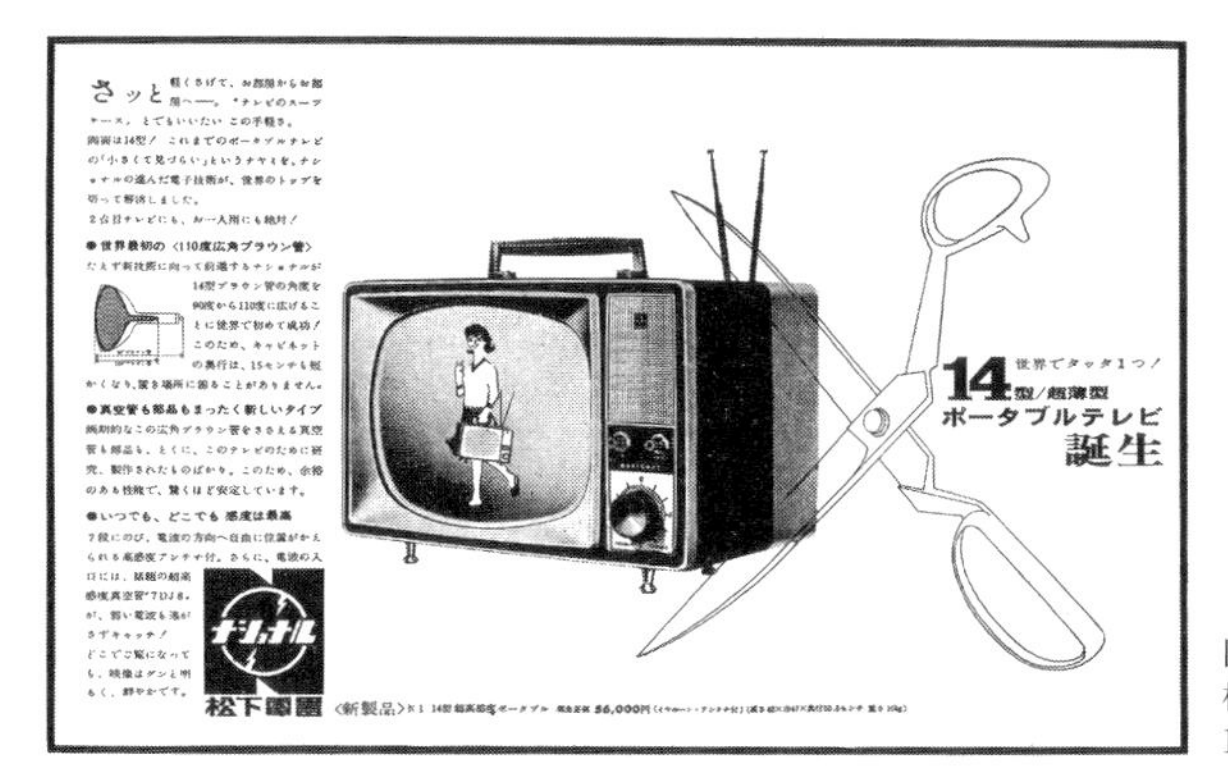

図1－33
松下　P14-N1　1961　『朝日新聞』、
1964（昭和39）年11月18日

1963（昭和38）年

2月に9インチポータブルタイプT9-21R（58、500円）、3月に12インチポータブルタイプTP-31A（45、800円）を発売している。これらのポータブルタイプは、トランジスタ部品によって筐体の小型軽量化を実現している。一方、画面の大型化は進み、コンソレットタイプ、コンソールタイプは、19インチが徐々に主流となり、10月に19インチのコンソールタイプTC-39G（69、500円）を発売している。

1964（昭和39）年

9月にコンパクトなテーブルタイプTB-95K（60、900円）を発売し、翌年4月に発売されたコンソールタイプTC-98G（69、500円）、コンソレットタイプTF-92F（59、800円）と共に、19インチによる機種展開が行なわれている。

昭和30年代の松下電器においては、14インチから16インチ、19インチと画面サイズを大型化する中でテーブルタイプ、コンソレットタイプ、コンソールタイプを機種展開している。デザインについては、画面が大型化しても大きな変化はない。

技術革新としては、カラー化とトランジスタ化があり、テレビ受像機のカラー化は最高級機種だけで機種展開に影響を与えることはなかったが、トランジスタ化は小型軽量化に貢献し、ポータブルタイプが主力タイプのひとつになる。

形態の変容

（1）コンソールタイプ

戦後の欧米諸国では、民生用テレビ受像機の製品開発が活発に行なわれ、ブラウン管の広角度化も進んで画面サイズに対して奥行きの短い製品形態が可能となり、戦前の反射型タイプは市場から姿を消した。高級機種として製品化されたのはオールインタイプと言われるコンソールタイプで、テレビ受像機本体の小型化によってラジオ受信機とレコードプレーヤーを一体にすることが可能になった形態である。

オールインワンタイプは、生活者の要望によるもので豊かさを象徴するものであり、ラジオとレコードプレーヤーを一体にすることで、放送番組が魅力的でないときでも楽しめる機器になったことにも意味があった。欧州では、１９４６年にＨＭＶよりオールインワンが販売されている（図１－34）。米国では、Admiral（図１－35）、Philco（Model １４７９、１９５０年）、ＧＥ（１６Ｋ１、１９５１年）、Zenith（Ｈ３４７８Ｅ、１９５１年）等各社から販売されている。

しかし、筆者が調べた限りでは、日本において本放送開始前後にオールインワンタイプが輸入され、販売された資料は見つからず、日本でオールインワンが開発、発売されるのは、１９６０年代になってからである。早川電機より発売された「ステレビジョン」（図１－36）は、欧米における高級モデルとしての導入とは異なり、テレビとステレオを合わせると経済的であることが宣伝されている。同様の機能を有する製品も市場状況と消費者

図１－34
HMV　1946　1946（昭和21）年

図１－35
Admiral　1948　1948（昭和23）年

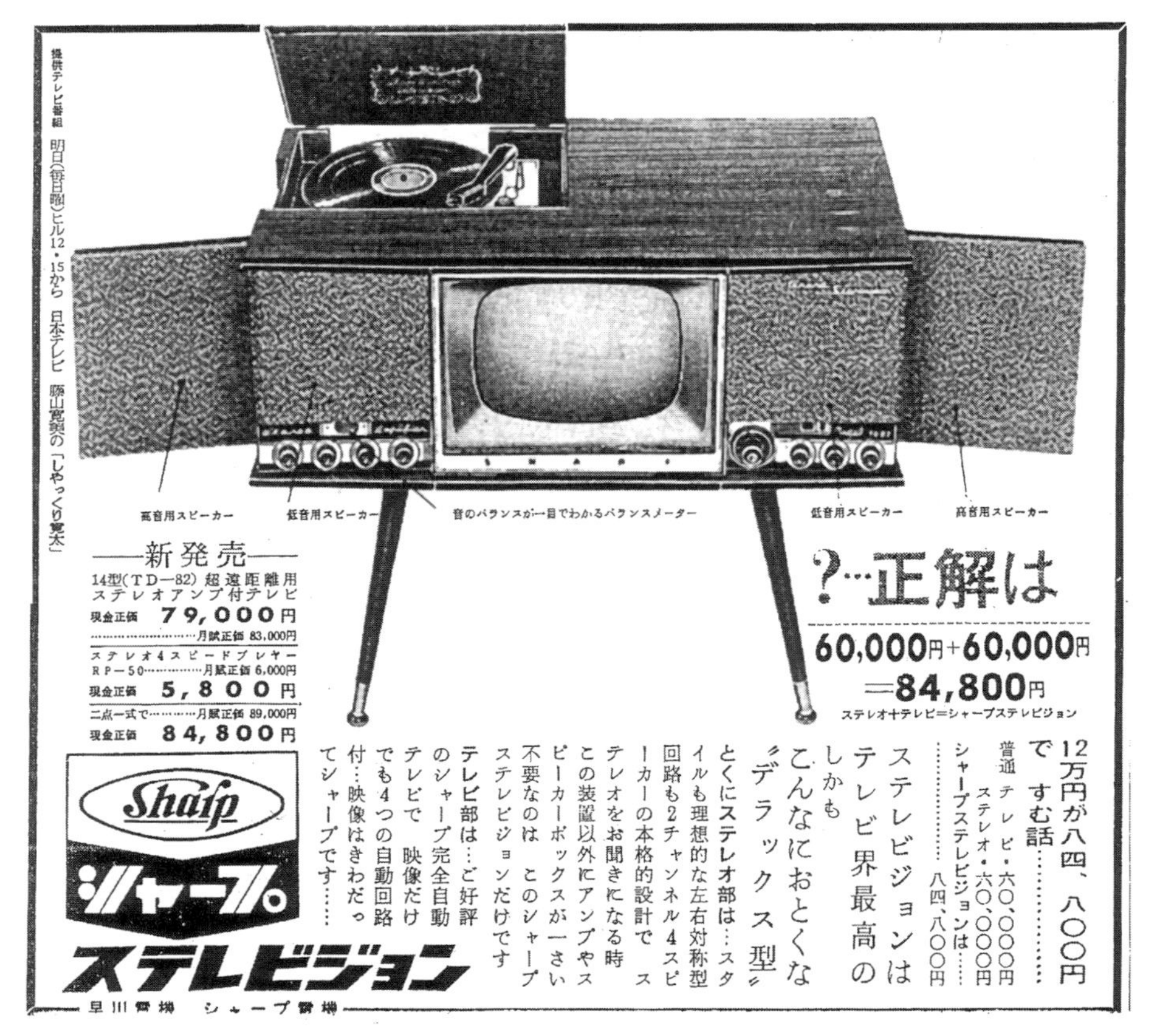

図１－36
早川電機「ステレビジョン」広告　『毎日新聞』、1960（昭和35）年10月

の生活様式、価値観によって導入のされ方が異なる事例である。

　１９５０年代の海外のコンソールタイプは扉付きのものが多く、それらに影響されて日本の草創期においても、各メーカーは、扉付きの機種を開発し製品化するが、日本の生活者には受け入れられず市場から消えていった。松下電器においてもコンソールタイプは、草創期より大画面の最高級機種に位置づけられ、１９５３年10月発売の17インチコンソールタイプＴＸ-１７１４Ａ、１９５６（昭和31）年2月発売の21インチコンソールタイプＣ-２１３１、１９５８年5月発売の27インチコンソールタイプＣ-２７９６は全て扉付きであるが、中級、普及機種へは展開されていない。扉付きの機種が高価であったために市場が小さかったこともあるが、生活者によって必要であれば、低価格帯にその機能は下りてくるはずである。日本の生活では、テレビ受像機に扉は求められなかったと言える。

　扉の意味は、ブラウン管を隠してテレビ受像機を家具に見せることにある。テレビ受像機を住空間に持ち込む上で最も違和感を持たれたのは、映像を映し出すブラウン管のガラス面であろう。初期のブラウン管面は球面であり、ラジオ受信機がたどっていた家具の様式を模倣する上でも障害となった。このことを解決する手段としてとられたのが扉である。初期のコンソールタイプで扉付きの機種を導入しているメーカーは、松下電器以外にもあり、三洋電機が１９５３（昭和28）年にテレビ受像機1号機１７Ｃ-２３１（図１-37）で、日本ビクター株式会社（以下、日本ビクター）が１９６０（昭和35）年にカラーテレビ受像機1号機２１ＣＴ-１１Ｂ（図１-38）で扉付きを採用している。両機種とも当時の最高級機種であることから、家具に見せると共に高級感をイメージさせるものであったことは確かであろう。しかし、日本においては、放送時間の延長と共にテレビが生活の中で一般化すると、扉付きは使用上不便であることとテレビ受像機の存在感、すなわちブラウン管が見えていることが生活の豊かさを象徴するものとなり、ブラウン管自体を評価する価値観が生まれてきたために扉付きのモデルは消えていったと考える。

（2）テーブルタイプ

日本におけるデザイン変遷について見る前に、先行して市場形成されていた海外製品について触れておこう。欧米におけるテレビの発展はめざましく、1939年の米国ＲＣＡのカタログによると、既にコンソールタイプとテーブルタイプがあり、コンソールタイプは、12インチの反射型ＴＲＫ-12と9インチ直視管ＴＲＫ-9（図1-39）がある。テーブルタイプは、5インチの直視管ＴＲＫ-5（図1-40）である。デザインは、同時代のラジオ受信機、蓄音機、ジュークボックスを連想させる形態でキャビネット材料はウォールナットを使用して高級感を出している。

また、1950年代の米国においては、既にテレビは普及段階にあり[34]、製品開発にデザインが導入されて機種展開が行なわれている。1953年のMotorolaのカタログ（図1-41）によると18機種がラインナップされており、レコードプレーヤーとの複合機が2機種、テーブルタイプが7機種、コンソールタイプが9機種でコンソールタイプのうち5機種に扉

図1－37
三洋　17C-231　1953
『三洋電機三十年の歩み』、
1980（昭和55）年

図1－38
日本ビクター　21CT-11B　1960
『日本ビクターの60年』、1987（昭和62）年

図1－39
RCA　TRK-9　1939（昭和14）年

図1－40
RCA　TRK-5　1939（昭和14）年

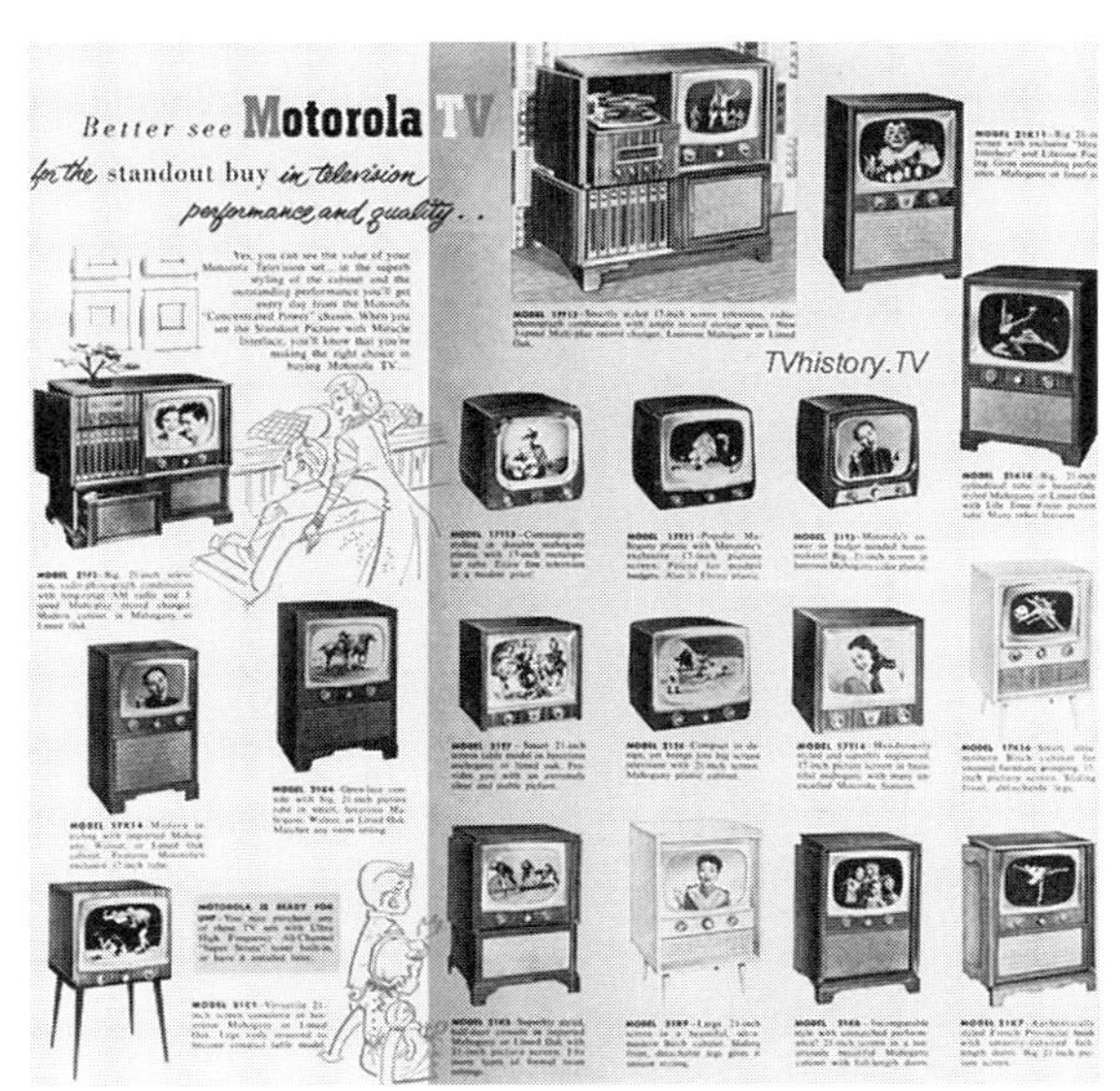

図1－41
Motorolaカタログ
1953（昭和28）年

が付いている。高級機種はコンソールタイプで扉付き、普及機種はテーブルタイプという区分けで明確に差別化されている。

松下電器のデザイン変遷を見ると、本放送が始まった1953年に市場導入されたのは、コンソールタイプとテーブルタイプである。当初のテーブルタイプは、コンソールタイプと同じ17インチで展開されていたが、次第に14インチが標準モデルとなり、量産効果によるコストダウンで低価格化すると14インチのテーブルタイプが主流となる。

初期のテーブルタイプは、木製キャビネットの加工組立が容易であったことから角型（図1－42）であり、背面は打ち抜き合板でカバーされただけで、背面を見せることが美観を損ねたため、設置場所が既定されやすかった。それに対して丸みをおびた形態（図1－43）は、背面までデザインされており、設置場所を既定され難かった。これは、キャビネット材料が木製から金属製に変わり、キャビネット構成が上下になることで可能になっている。昭和30年代後半には、丸みをおびた形態に最も適した材料加工法である樹脂成形が導入され、木工加工ではできなかった自由度の高い造形が可能になる。樹脂成形は、テーブルタイプを容積的にも視覚的にも、より小型化に向けて形態を変容させ、設置場所を選ばずどこへでも持ち運べるポータブルタイプを成立させる要因のひとつとなった。海外より導入されたコンソールタイプとテーブルタイプは、日本では14インチのテーブルタイプが主流となり普及する過程でポータブルタイプの市場をつくっていったと言える。

図1－42
松下　14T－549　1954
『テレビ事業部門25年史』、1978（昭和53）年

（３）コンソレットタイプ

テーブルタイプから分かれたもうひとつのタイプがコンソレットタイプである。１９５７年になるとテーブルタイプに４本の丸脚が付き始め、前面にスピーカーを配置した片袖テーブルタイプ、両袖テーブルタイプにも４本の丸脚が付いてコンソレットタイプが生まれる。テレビ受像機の生産台数は順調に伸び、１９５７年には60万台、１９５８年には１１９万台[35]となる。生活者は機能、性能に関する要望に加えて住空間での設置しやすさを求めるようになり、それに応じて脚付きのコンソレットタイプが誕生し受け入れられていった。

先行していた欧米市場を見ると、今回の調査で最も古い４本の丸脚付コンソレットタイプは、１９５２年のGENERAL ELECTRIC「20-inch Consolette」（図１－44）のカタログ広告で、マホガニー仕上げの４本の丸脚付きであることが確認できた。着脱式の丸脚を採用したものでは、１９５３年のMOTOROLA「MODEL 21CL」（図１－45）のカタログ広告の中に、「Legs easly removed to become compact table model.」の記述がある。

１９５４年のAdmiralのカタログには、テーブルタイプが４モデル掲載されており、そのうち１台はセット台に置かれ、３台には脚が付いているが、イラストで描かれたカタログを見る限り丸脚ではなく、角脚とスチールパイプ脚である（図１－46）。そして、１９５７年のMOTOROLAの総合カタログ（図１－47）では、17機種の内で４本の丸脚付コンソレットタイプは２機種だけになる。海外においても４本の丸脚は、主流にはなっていないことがわかる。

図１－43
松下　P-１４０１　１９５７
『テレビ事業部門25年史』、１９７８（昭和53）年

図1－44
GE　1952（昭和27）年

図1－45
MOTOROLA　1953（昭和28）年

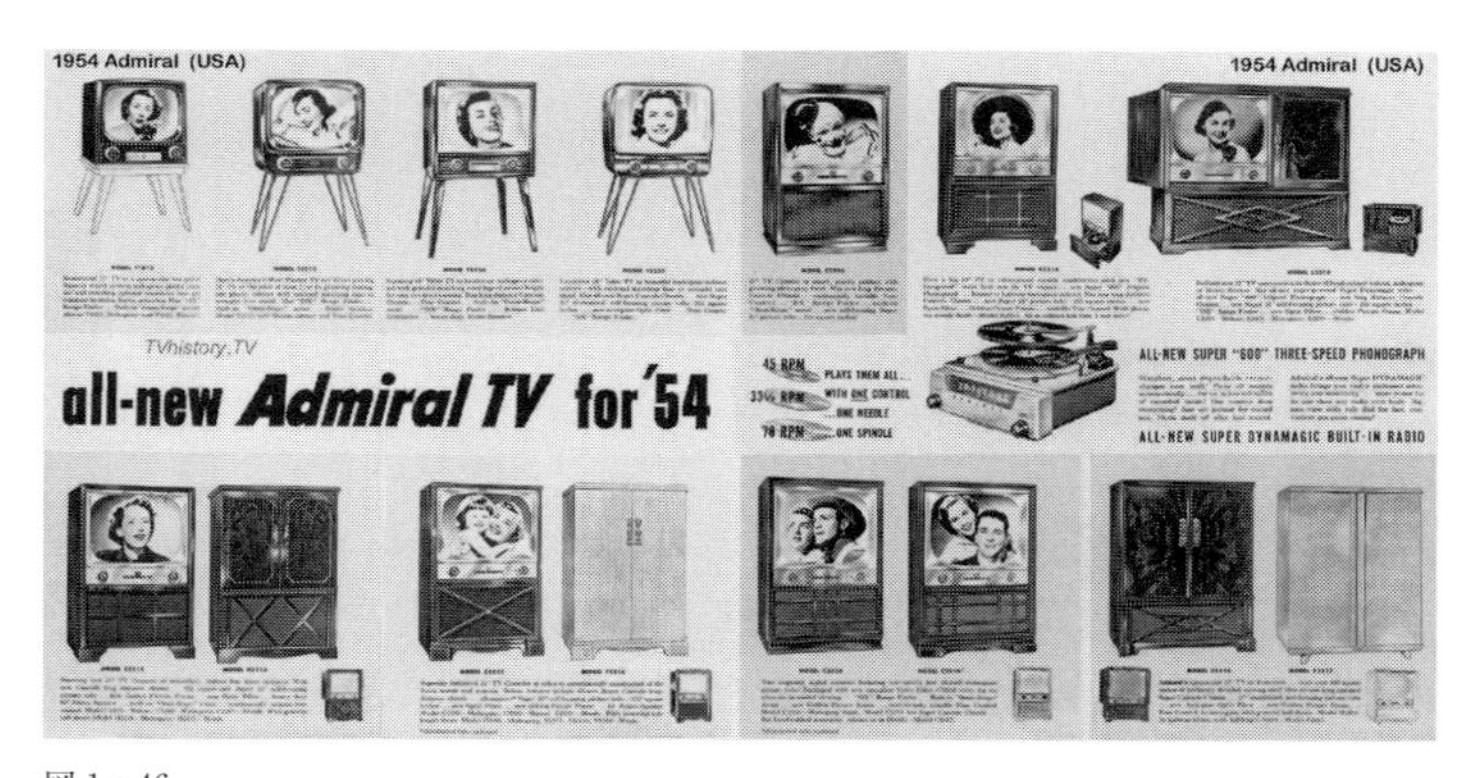

図1－46
Admiralカタログ　1954（昭和29）年

図1－47
MOTOROLAカタログ
1957（昭和32）年

日本では、普及と共にテレビ受像機の生活空間での使用シーン、設置シーンが広告に使用されるようになる。１９５６1月1日付『毎日新聞』松下電器の広告では、セット台の上に置かれたテレビ受像機を観る家族のイラストが掲載されている（図１-48）。１９５６年4月6日付『毎日新聞』早川電機の広告では、それまで製品写真だけであったものにセット台がイラストで追加されている（図１-49）。そして、１９５７年になると各社の広告で4本の丸脚付コンソレットタイプが多く見られるようになる。

今回の調査で最も古い4本の丸脚付コンソレットタイプは、１９５６年12月6日付『毎日新聞』日本コロムビア株式会社（以下、日本コロムビア）の広告（図１-50）で、14インチＴ-１０１（７３、５００円）である。Ｔ-１０１の広告では、「和洋何れのお部屋にもマッチし、取外しの出来る脚付です。脚を付けた場合は画面の高さが座った時、丁度目の高さになり、……楽な姿勢で御覧願えます」とあり、4本丸脚付テレビ受像機が日本の生活に適していることが宣伝されている。

意匠登録で初めて4本の丸脚が確認できたのは、意匠登録第１３０７０７号(図１-51)で１９５６年10月16日出願、意匠権者は日本コロムビアであり、意匠登録図面よりＴ-１０１の意匠であることがわかる。

１９５７年4月30日付『毎日新聞』早川電機の広告（図１-52）で、14インチポータブルテレビＴＭ-２０（７２、０００円）は、写真より4本の丸脚付テーブルタイプで、広告記述には「脚が簡単に外せて和室洋室いずれにも向きます」とあり、イラストで洋室、和

図１－48
松下電器広告 『毎日新聞』、1956（昭和31）年１月１日

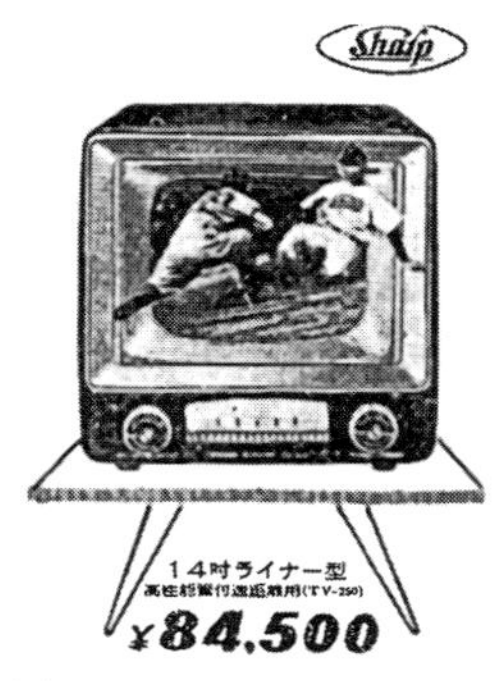

図１－49
早川電機広告 『毎日新聞』、
1956（昭和31）４月６日

図１－50
日本コロムビア　T-101
『毎日新聞』、1956（昭和31）
年12月６日

図１－51
意匠登録第130707号
1956（昭和31）年10月
16日意匠出願

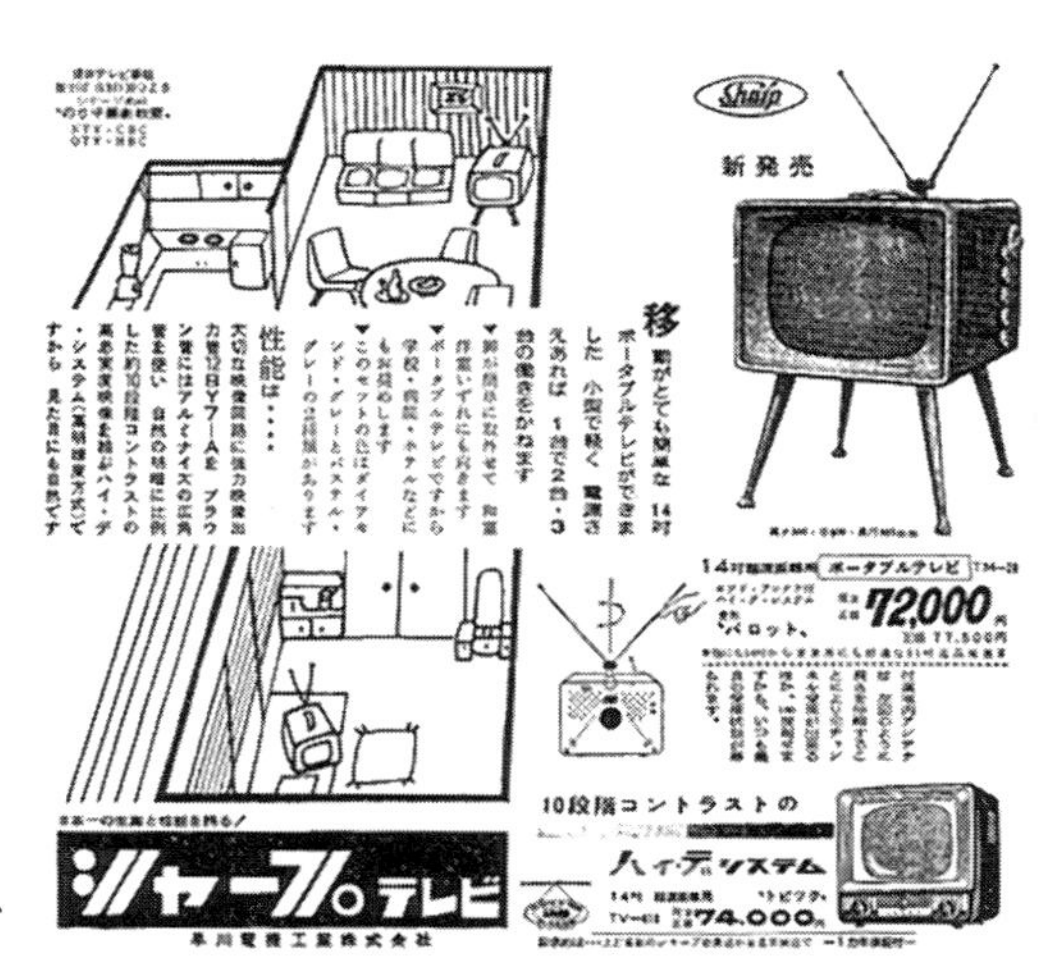

図１－52
早川電機　TM-20 『毎日新聞』、
1957（昭和32）年４月30日

室を移動して使えることが説明されている。

1958年4月6日付『毎日新聞』松下電器の広告（図1－53）で、1958年2月発売の14インチT-14R1用の取りはずし自由な木製丸脚が現金正価900円で紹介され、同時発売の14インチT-14C1では、専用回転式セット台が現金正価1、950円で紹介されている。

同様の動きは各社で起こり、住空間の中でテレビ受像機は、4本の丸脚によって設置場所を獲得していった。脚の形状と取り付け方式は、ステレオセット、炬燵にも同様の方式が採用されている。意匠登録の出願日調査によると、ステレオセットでの初出は、日本ビクター出願による「電機蓄音器用キャビネット」の意匠登録134070号で1957年5月10日出願であり、炬燵での初出は、三洋電機の意匠登録145064号で1958年4月21日出願である。4本の丸脚の検討は、意匠登録で見る限り、テレビ受像機のほうがステレオセット、炬燵よりも早かったことが確認できる。

1957年に松下電器に入社し、T-14R1とT-14C1のデザインを担当した馬場治夫は、「テーブルタイプのキャビネットの底面に取り付けられていた四つの金具のネジ穴に脚をネジ込んでいた4本脚のデザインが全てと言ってよく、これは各メーカーとも同じで、30年頃から使われていた」と述べており、1957年当時のテレビ受像機のデザイン開発現場では、4本の丸脚が一般化していたことがわかる。

4本の丸脚について、日本コロムビアT-101の意匠登録図面より画面サイズを寸法の

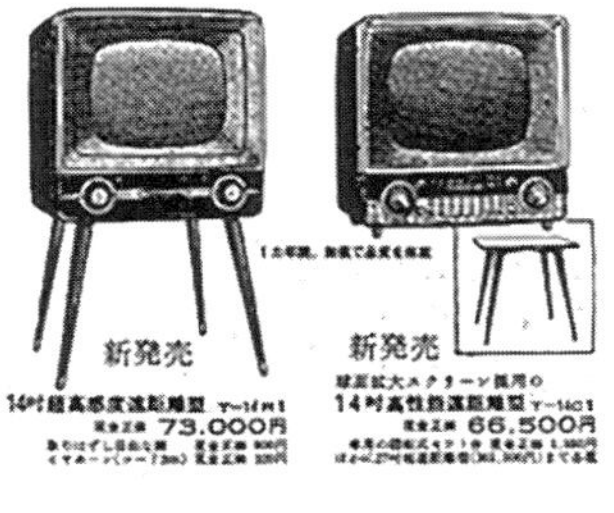

図1－53
左：T-14R1　右：T-14C1『毎日新聞』、1958（昭和33）年4月6日

拠り所として計測すると、脚の長さは35㎝程度、床から画面中心までの高さは55㎝程度である。広告の記述では「丁度目の高さ」とあるが、床に座った状態で目の高さよりもやや低く設定されていることがわかる。同様に4本の丸脚付松下電器テーブルタイプT-14R1について写真より計測すると、脚の長さは40㎝程度、床から画面中心までの高さは70㎝程度であり、床に座った状態でほぼ目の高さである。現存する製品では、NHK放送博物館に展示されている1958（昭和33）年製のNEC 14T-533Bコンソレットタイプ（図1-54）を実測すると、脚の長さは39㎝、床から画面中心までの高さは59㎝であった。画面の高さは、各社の機種によりばらつきはあるが、和室で座卓越しに画面を観るには適しており、生活者にとっては受け入れやすかったと推測できる。

1962年に松下電器に入社し、国内向けのテレビ受像機のデザイン開発を担当していた森川亮へ4本の丸脚の高さについてヒアリングしたところ、「当時の4本脚は、ちゃぶ台越しにテレビを観るのに適した高さを目安にデザインしていた」と述べている。

4本の丸脚は、欧米の洋室での使用から生まれたために、洋室、和室共に向いていることが宣伝されたが、日本においては、和室での座の生活に適していたことから生活者に受け入れられたのである。

（4）画面サイズと形態

テレビ受像機にとって一番の機能は映像を映すことであり、その機能を表象しているの

図1-54 NEC 14T-533B 1958（昭和33）年 NHK放送博物館展示品、2007（平成19）年筆者撮影

がブラウン管である。ブラウン管の画面サイズは、製品価格を決める主要因となり、生活者に受け入れられた画面サイズと価格によって主流となる機種が決まっている。

ブラウン管の画面形状[36]については、当初の丸型から徐々に角型になり、その後、角型度合いがより進むことで、人の視界として見慣れた画面フレーム形状になってくる。しかし、逆行する丸型の動きとして１９５６年になると、面積が広い方が見やすく大きな映像を観ることができることから、14インチの画面を対角線の長さは同じにして縦横に膨らまし、実質の映像面積を大型化したブラウン管が現れる（図１-55）。この当時、ブラウン管前面に拡大鏡を掛けて映像を大きく見せようとするものも現れる。

大画面と共に求められたのは、見やすく、目にやさしい、反射の少ない画面である。今回の調査で、１９５７年4月29日付『毎日新聞』オンキョーテレビの広告（図１-56）では、「目を痛めないテレビ　スモークド・ガラス使用」を訴求していることが確認できた。１９５７年4月24日『毎日新聞』三菱テレビの広告では、「明るく見えやすい　マジックフロント」の記述があり、前面ガラスが簡単に取り外せるメリットとして、「2ヵ月に1度ブラウン管の表面をおふき下されば常に鮮明な映像が見られます」と説明している。放送時間が長くなり、視聴時間が長くなると目を悪くすることを心配して、きれいで鮮明な画像であると同時に住環境で見やすい画面が求められ、反射を防ぐブラウン管画面、前面板を持ったものが現れる。

１９５３年から１９６６年までの松下電器テレビ受像機のデザイン変遷を見ると、混沌

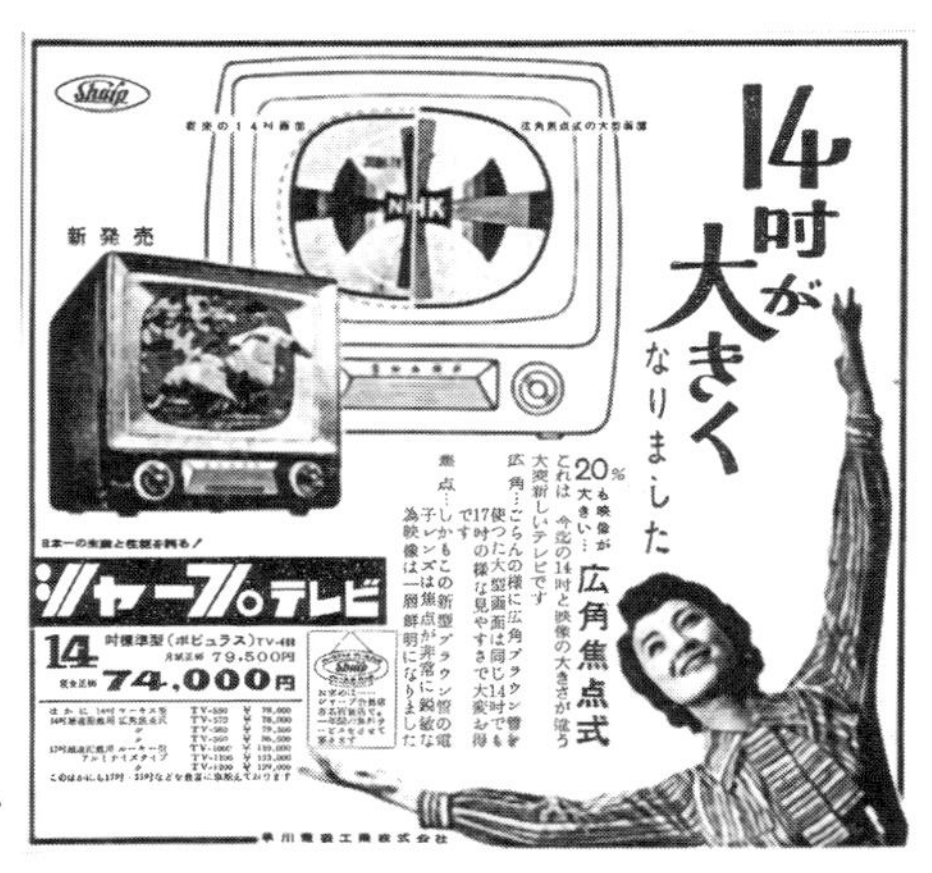

図1－55
シャープテレビ広告 『毎日新聞』、1956（昭和31）年10月17日

図1－56
オンキョーテレビ広告 『毎日新聞』、1957（昭和32）年４月29日

図1－57
松下電器広告 『毎日新聞』、1965（昭和40）年４月23日

とした機種展開の状況から初めに主流となる画面サイズは、14インチである。これは、１９５４年４月よりテレビ受像機に掛けられた物品税が30％になるときに、14インチまでを12％としたことに起因し、その値頃感から14インチの需要が急激に拡大したためである。１９５４（昭和29）年度のセット生産実績のうち14インチの占める割合は、51・７％であるが、１９５６（昭和31）年度には92・９％になる。[37] １９６２年度のセット生産実績のうち17～19インチの占める割合は、２・７％であるが、１９６４年度には39・６％となり、14～16インチの35％を抜いて最も生産され、[38] 生活者にも受け入れられていたことがわかる。主流の製品は、14インチから角型に向かって16インチ、そして大画面で娯楽性の高い19インチになる。大画面化した要因としては東京オリンピックに向けての需要であり、世紀の祭典を大画面で見たいという生活者の要望をメーカーが掘り起こした結果でもある。

19インチの機種展開の例として、松下電器は、１９６４年から１９６５年にかけて19型３機種（１９ＫＡ：テーブルタイプ、９０Ｍ：コンソレットタイプ、３９Ｇ：コンソールタイプ）を、「３つの個性19形トリオ」のキャッチコピーで広告し、販売している（図１－57）。テレビ受像機は、画面サイズが同じ19インチであっても、生活者の要望を汲み取り設置方法の異なる提案がされるようになる。

（５）音の表現と形態

音もまた、重要な機能のひとつである。草創期のコンソールタイプは、キャビネットの前面下部に大型のスピーカーが配置され、織りのネットで覆われている。しかし、テーブルタイプは、コンパクトな部品の配置構成が必要であるために、スピーカーはキャビネット側面または天面に配置されている。当然ながら、生活場面での視聴音響は良くないが、初期の電気部品サイズ、スピーカーサイズからくるキャビネット内での配置上の問題、音孔カバー材質、取り付け方法等の材料加工法上の問題から、テーブルタイプで前面にスピーカーを配置した機種が発売されるのは、樹脂成形技術が進歩する1957年になってからである（図1-58）。

音の良さは、映像の臨場感を得るために有効であったため、各社はスピーカーのサイズと配置に工夫を凝らし始める。コンソレットタイプでは、前面スピーカー配置が一般化し、ステレオ放送[39]が始まる前に既にデザインとしては、両袖タイプが出現している（図1-59）。音の良さを使用するスピーカーサイズと性能で表現すると共に、音を「見せる」ためにスピーカーグリルのデザイン表現が工夫されるようになる。図1-60は、スピーカーグリルの形状を四角錐状で凹ませ、音の良さをデザインで表現しようとしている例である。このように、デザインは、見える機能を色と形で表現するだけでなく、音のように見えない機能をイメージで表現する手段としても利用された。

(6) 操作インターフェースと形態

ダイヤル方式のチャンネル選局は、先に普及していたラジオ受信機の操作作法でもあり

図１－58
シャープテレビ広告　『毎日新聞』、1957（昭和32）年10月８日

図１－59
松下　S-14L1　1957　『テレビ事業部門25年史』、1978（昭和53）年

図１－60
松下　F14-B8　1962　『テレビ事業部門25年史』、1978（昭和53）年

受け入れやすいものであった。音量ツマミについても同様で、ラジオ受信機、ステレオセットの操作作法が踏襲されている。初期の技術的条件も理由ではあったが、草創期には生活者に馴染みのある操作インターフェースが選択され導入されている。

その後、放送局の増加により番組の選択が多様になると、チャンネル選局を容易にする方法として、１９５８年、早川電機よりプッシュボタン方式の選局が発表され（図１－61）、続いてリモコンが出現する。

松下電器技術資料[40]によると、テレビ受像機の機能は、シャーシ系列[41]によって決まるところが大きいとされている。

松下電器技術資料から作成した表１－２は、１９６０年に開発された２つのシャーシについて、シャーシが内蔵する機能とそのシャーシを使用した機種が実現する機能とを比較したものである。Ｆ１４-Ａ７系シャーシは、プッシュボタン選曲とリモコン対応で、このシャーシを使用して１９６０年８月に発売されたプッシュボタン選曲方式のコンソレットタイプＦ１４-Ａ７の価格は７６、０００円である。一方、同時期の標準シャーシＴ１４-Ｇ７系は、リモコンを可能にするためにロータリーチャンネル切替を電動で動かすリモコン用モーターを取り付ける必要はあるが、このシャーシを使用して１９６０年８月に発売されたコンソレットタイプＦ１４-Ｂ７の価格は６３、０００円である。プッシュボタン方式は、リモコンを購入するだけでリモコン操作が可能となることからリモコンと相性の良い技術であったが、リモコンなしの機種の価格を高くする要因でもあったことがわかる。

図１－61
シャープテレビ広告　『アサヒグラフ』、
1958（昭和33）年４月６日

機種品番	F14-A7	F14-B7
発売月	1960（昭和35）年８月	1960（昭和35）年８月
価格	76,000円	63,000円
機種の持つ 操作関連機能	プッシュボタン選曲 （リモコン別売）	ロータリー選曲 （リモコン用モーター取付別売） （リモコン別売）
デザイン		
シャーシ系列	F14-A7系	T14-G7系
シャーシの 内蔵機能	プッシュボタン選曲対応 リモコン対応	ロータリー選曲対応 リモコン用モーター取り付け可能

表１－２
シャーシ系列とリモコン機能

初期のリモコンはワイヤードタイプであったが、１９５９年になると日本ビクターよりワイヤレスタイプのリモコンが発表される（図1-62）。リモコンは、チャンネル操作の頻度が高くなった生活者の要望に応えるためと言うよりも、離れたところからテレビを操作できるという夢の実現であったことが、広告コピー「魔法のピストル」からもみてとれる。

三洋電機社史[42]によると、「リモコンは白黒テレビのハンマー式リモコンに始まり……超音波式リモコンが採用され……昭和46年5月にズバコンと命名して発売、その年の後半にはズバコン機種の出荷構成比が60％近くに達する……しかし、昭和47年の誤動作問題と昭和49年のオイルショックは、ズバコンを時代の風潮に合わないものにしてしまった」とある。昭和30年代に導入された初期のリモコンは、一時は普及したが超音波を利用していたために住空間で発生する他の音に反応して誤動作を起こし[43]、完全な普及には至らなかったことがわかる。

4　まとめ

テレビの発明から昭和30年代までの対象期間は、白黒テレビ受像機の草創期から普及期にあたり、日本製のテレビ受像機は、欧米先進諸国のテレビ受像機の影響を受けてデザインを変容させた。その内容について、以下のようにまとめることができる。

図１－62
日本ビクター広告　『アサヒグラフ』、1959（昭和34）年５月３日

1　テレビの発明と製品形態

草創期における製品の基本形は、機能を実現する技術と方式によって決まるところが大きく、テレビ受像機の場合は、映像表示部品としてブラウン管が主流になったことで、ブラウン管の形態によってテレビ受像機の製品形態も変容した。初期においては、画面サイズに対してブラウン管本体長が長かったためにコンソールタイプは反射型が主流であったが、次第に直視型が主流となった。そして、住空間に受け入れられる形態として、コンソールタイプ、テーブルタイプ、コンソレットタイプ、ポータブルタイプが生まれた。

2　テレビの啓蒙

草創期におけるテレビの啓蒙は、1953（昭和28）年2月1日の本放送開始前より各地で行なわれた展示会や海外の状況を伝える新聞報道によって始まり、テレビは一般大衆に知られるようになる。そして、本放送開始直後のテレビ受像機は、街頭テレビや懸賞広告によって憧れの生活をイメージする製品となっていった。

3　普及のための方策

本放送開始後のメーカー各社は、基本機能の性能と品質を向上させ製品価値を高めて販売を伸ばすことに注力したため、性能、品質に関わる記述が広告コピーとしてアピールされた。デザインは、性能、品質を形態で表現することが困難であったために製品全体のイメージを高める手段として高級感のあるブランド銘板を採用した。また、購入しやすい状況づくりのために、製品のコストダウンによる低価格化と共に貸テレビや月賦販売制度が導入された。

４　海外製品からの影響

日本製品は、海外製品の部品配置、加工組立技術を学ぶ過程から基本形態、キャビネット形態に強い影響を受けた。本放送開始当初は、影響を受けた日本製品と輸入された海外製品がともに販売され、その後の生活者のデザイン評価に影響を与えた。

生活者にとって、テレビは憧れのイメージから自宅で楽しめる娯楽の対象となり、テレビ受像機には、日本の住空間と生活様式に相応しい形態が求められた。海外製品の影響を受けた形態の中で、扉付きは、高級機種として採用されることもあったが普及することはなかった。使用上の不便さとブラウン管の存在感を価値として評価したために市場から消えたと推測できる。また、４本の丸脚付コンソレットタイプについては、和洋折衷のユカ坐[44]の生活に受け入れられ主流となった。一部に日本独自のものであるとの認識もあるが、[45]今回の調査より米国のテレビ受像機の影響によるものであることは明らかである。

５　技術開発と形態の変容

生活者は、娯楽の手段としてテレビを楽しみたいと要望するようになり、テレビ受像機は、その要望をブラウン管の大画面化で実現していった。また、画面と合わせて臨場感のある音の良さを実現するために、ステレオ放送が始まる前に音の広がり感を表現した両袖タイプを生んだ。使いやすさの形態については、実用性と夢を実現する新たな操作方法として、プッシュボタン、リモコンがメーカーより提案されたが、当時の技術完成度とコストから一般化するまでには至らなかった。

注・参考文献

7 ブラウン管とは、陰極線管（CRT、Cathode Ray Tube、カソード・レイ・チューブ）のことであるが、一般的に使用されていることから、本書ではブラウン管を使用する。

8 アドリアン・フォーティ、高島平吾訳『欲望のオブジェ――デザインと社会　1750－1980』（鹿島出版会、252－253頁、1992）において、ラジオ受信機は、「ファニチュア・デザインを使った最初の電気器具のひとつ」とされ、初期においては、「ラジオのメーカーとは直接関係のないキャビネット・メーカーによって、カスタム・メイドであつらえられる場合が多かった」としている。しかし、技術革新による競合が成り立たなくなり次第に「最高級品のばあいをのぞいてはほとんど配慮されていなかったキャビネットのデザインに目を向ける」ようになったとしている。

9『工芸ニュース　第21巻第5号』（工業技術院産業工芸試験所、1953）にて、本放送開始前後に日本メーカー各社が発売したテレビ受像機が掲載されている。

10　松下電器Ｐ-１４０１は、１９５７（昭和32）年７月発売で「14形ポータブル」の名称、早川電機ＴＭ-20は、『アサヒグラフ』１９５７年５月19日号の広告で「ポータブルテレビ」の名称が使われている。

11　パトリック・ロバートソン、大出健訳『シェルブック　世界最初事典』（講談社、２５０-２５１頁、１９８２）によると、ＢＢＣ放送は、ふたつの放送方式を１日おきに用いており、ひとつはベアード方式の機械走査で走査線２４０本、もうひとつはマルコーニ・ＥＭＩ方式の電気走査で走査線４０５本であったとされている。

12　パトリック・ロバートソン、大出健訳『シェルブック　世界最初事典』（講談社、２５５頁、１９８２）。

13　『The General Electric Story: A Heritage of Innovation 1876-1999』（１８０頁、１８３頁）。

14　『テレビ事業部門25年史』（松下電器、26頁、１９７９）。

15　『放送の未来につなぐ　図録　機器１００選』（ＮＨＫ放送博物館、１２１頁、２００１）。

16　平本厚『日本のテレビ産業――競争優位の構造』（ミネルヴァ書房、20-21頁、１９９４）。

17　総務省統計局統計調査部消費統計課『家計調査年報』による。

18　『テレビ授業部　10年史』（松下電器、１９６４）のテレビ受像機一覧発売月より。

19　『テレビ事業部門25年史』（松下電器産業株式会社、26頁、１９７８）。

20　『ＮＨＫ年鑑』（ＮＨＫ放送協会、１９５５）の１９５４（昭和29）年３月末現在のテレビジョン新規契約者の受信機種類別によると、総数１６、８４２台の内６、２８３台が外国製である。１９５６

（昭和31）年度の受信機生産実績384、650台に対してブラウン管の生産は592、074台となり、輸入ブラウン管は使用されなくなる。

21 通商産業省大臣官房調査統計部『機械統計年報 昭和28年』（日本機械工業会、173頁、1954）。

22 山田正吾、森彰英『家電今昔物語』（三省堂、41頁、1983）において、GHQ経済科学局の若い士官よりインダストリアルデザインの必要性を説かれたことが紹介されている。

23 和田精二『デザインに対する松下幸之助の経営的先見性について』（デザイン学研究、44頁、2005）。

24 事業部制とは、企業が組織を事業ごとに分けて経営することであり、日本では1933年に松下電器が導入し、製品分野ごとの事業部制を取っていた。

25 「嵯峨」をデザインした橋本實へのインタビュー（2007（平成19）年6月16日）によると、久田敏夫は木材工芸学科卒で、家具デザインを専門としていた。

26 松下電器では、1960年より社内デザイン職能情報誌として「ナショナルDESIN NEWS」が真野善一を発行人として社内配布されており、1963年1・2月号では、「欧州工業デザイン視察団特集」が掲載される等、デザイン情報は共有されている。

27 1957（昭和32）年4月『毎日新聞』の松下電器の広告では、「日本で初めてのプリント配線テレビ」が強調され、1958（昭和33）年4月『毎日新聞』では、「この真空管が放送局を近づける」として、高感度真空管が使われていることが広告されている。

28 1957（昭和32）年10月『毎日新聞』の三菱電機の広告では、「ハイファイできける前面スピーカー方式」、１９５８（昭和33）年10月『毎日新聞』三洋電機の広告では、「交響する迫力音３つのスピーカー」、１９５９（昭和34）年４月『毎日新聞』の三洋電機の広告では、「しゃれた生活に２つのスピーカーの新しいスタイル」の広告コピーが確認できる。

29　『テレビ事業部門25年史』（松下電器産業株式会社、63頁、１９７８）。

30　『テレビ事業部門25年史資料』（松下電器産業株式会社、１９７８）の主な生産技術の歴史より。

31　『テレビ事業部門25年史資料』（松下電器産業株式会社、１９７８）によると、松下電器は、１９５７（昭和32）年以降、販売占有率は常に20％近くある。

32　『テレビ事業部10年史』（松下電器産業株式会社、90頁、１９６４）。

33　『テレビ事業部10年史』（松下電器産業株式会社、90頁、１９６４）。

34　『世界のラジオとテレビジョン１９６５』（日本放送出版協会、117頁、１９６５）によると、米国のテレビ普及率は、１９５０（昭和25）年に９％であったものが、日本で本放送が始まった１９５３（昭和28）年には44・7％、１９５９（昭和34）年には85・9％となる。

35　通商産業省大臣官房調査統計部『機械統計年報　昭和33年』（日本機械工業会、１９５９）生産台数データによる。

36　ブラウン管の形状は、その原理より球体の一部を円形に切り取った形状が基本で始まったため、画面サイズは直径で表わされ、角型になっても対角線のインチサイズで表わされている。

37　『ＮＨＫ年鑑』（ＮＨＫ放送協会、１９５７）のインチ別生産実績データより算出。

38　通商産業省大臣官房調査統計部『機械統計年報　昭和39年』（日本機械工業会、１９６５）インチ別生産台数データより算出。

39 ステレオ放送は、音声多重放送のひとつで1978（昭和53）年9月28日、日本テレビが開始し、10月にはNHK、フジテレビ、TBSも開始している。

40 『テレビ事業部門25年史資料』（松下電器産業株式会社、42頁、1978）。

41 テレビ受像機におけるシャーシとは、金属フレームに回路基板や電子部品が実装されている構造を言い、テレビ受像機の機能と性能を決める重要な役割を持っている。

42 『三洋電機三十年の歩み』（ダイヤモンド社、308頁、1980）。

43 1972（昭和47）年3月8日付『朝日新聞』の記事で、「リモコンテレビ　国会でも取り上げる金属音に過敏な反応」と題して、リモコンの誤動作について国会でも取り上げられたことが報じられている。

44 沢田知子『ユカ坐・イス坐――起居様式にみる日本住宅のインテリア史（住まい学体系）』（住まいの図書出版局、1995）では、洋風化が進む一方で、和洋混合の生活様式が広がり、椅子に座る様式に対して床に座る様式を「ユカ坐」と言っている。

45 久野古夫『テレビ人生一筋技術者の65年』（日経BP出版センター、141頁、2001）で、当時の開発責任者の著者がコンソレットタイプについて「取り外しができる四本脚を付けた日本独自のもの」と記述している。

第2章　白黒テレビ受像機の成熟期から カラーテレビ受像機の普及期のデザイン変遷

日本における白黒テレビ受像機の普及率は、昭和30年代の高度経済成長と共に加速し、１９６５（昭和40）年には95％となる（表１－１）。カラーテレビ受像機については、１９６０年９月１日にＮＨＫと民放４局がカラーテレビの本放送を開始するが、当初のカラー放送番組は１日１時間程度で白黒放送番組が主流であったため普及は進まず、民放48社がカラーテレビ放送対応を完了した１９６８年においてもカラーテレビ受像機の普及率は６・７％であった（表１－１）。しかし、カラー放送番組の魅力とカラーテレビ受像機の低価格化によって、１９７４年には87・３％となる（表１－１）。以降現在まで、テレビ受像機は、私たちの生活に欠くことのできない家電製品のひとつになっている。そして、多くの家電製品と同様に、欧米から導入され日本の生活に相応しいかたちに変容する過程の中で、欧米製品の模倣から脱してきている。

前章では、テレビ受像機の草創期から普及期までのデザイン変遷について調査、考察した。その結果、日本におけるテレビ受像機の開発は、戦後、欧米製品の部品配置、加工組立技術を学ぶことから再開したために、技術と共にデザインも強い影響を受けたことがわかった。欧米製品を手本にしたことで日本製品に導入されたデザインは、普及の過程で日本の生活に相応しいものだけが残り変容していった。具体的には、扉付きのコンソールタイプは受け入れられなかったが、4本の丸脚付コンソレットタイプは日本の和洋折衷のユカ坐生活に受け入れられ主流となった。また、生活者が娯楽性を高めることを望んだためにブラウン管の大画面化が進み、音を表現する形態としては、ステレオ放送が始まる前に両袖タイプが出現したことがわかった。

本章の目的は、欧米製品の影響を受けたテレビ受像機が日本独自のデザインに変容する過程について明らかにすることである。対象は、白黒テレビ受像機の成熟期からカラーテレビ受像機の普及期にあたる昭和40年代を中心にして昭和50年代までとし、デザイン変遷と生活者の受容について調査、考察する。特に、昭和40年代のはじめに日本調デザインとして主流となった家具調テレビについては、その後の展開も含めて生活者と生産者の両視点より考察し、どのような要因から変容していったかを解き明かしたい。

1　昭和40年代のテレビ受像機

以下、昭和40年代のテレビを取り巻く状況について、新聞記事から紹介すると共に主要メーカーのひとつである松下電器のテレビ受像機のデザイン変遷について概観する。

テレビを取り巻く状況

1965（昭和40）年1月から1975年12月までの『朝日新聞』を通読し、新聞記事からテレビを取り巻く社会状況と生活者の意識の変化について、特に注目した内容を紹介する。

1965（昭和40）年4月6日付朝刊
「実質的な値下げ競争　カラーテレビ各社が〝普及型〟」のタイトルで、メーカー各社が「1インチ当たり1万円」クラスの普及機種を発表し、実質的な値下げ競争となる。その理由としてブラウン管の値下がり、組立てラインの充実によるコスト低減、カラーテレビ放送時間の大幅延長など、カラーテレビ普及の条件が整ってきたとしている。しかし、実際の1965年の出荷台数は、10万台に満たない状況であり、販売の主力はまだ白黒テレビ受像機であった。

1966（昭和41）年1月17日付朝刊
「機能とデザイン　部品交換がラク　ばらばら型テレビ　飾りの少ない清潔さ」のタイトルで、欧州のテレビ受像機（図2-1）のデザインが紹介され、「写真のテレビセット、西ドイツのブラウン社の試作品……理づめすぎて、日本人には冷たいというむきもあるが、むしろドイツ人らしい清潔な合理精神の現われだろう。金ピカの飾りをつけたり、金属に

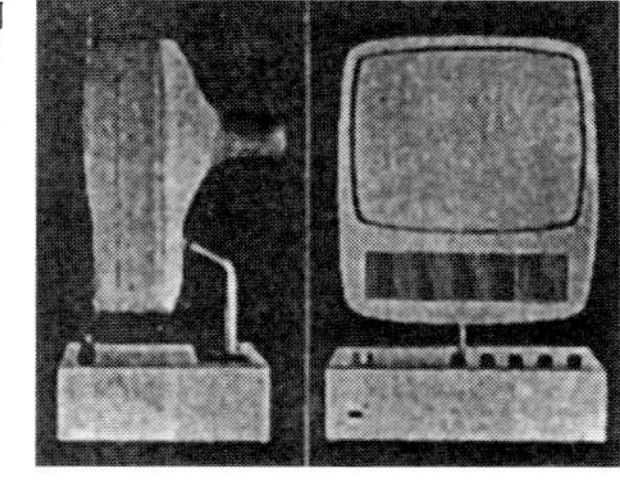

図2-1　ブラウン社の試作品　『朝日新聞』、1966（昭和41）年1月17日

木目をつけたりしてお化粧にうき身をやつした製品に比べれば、安心できる〝正直なデザイン〟とはいえないだろうか」と、当時の日本のテレビ受像機デザインについて批判的なコメントが述べられ、生活者に欧米のデザイン状況が伝えられている。

１９６６（昭和41）年７月10日付朝刊

「カラーテレビ生産急増　月刊三万台を突破　好調な対米輸出　業界、量産に本腰」のタイトルで、北米のカラーテレビ・ブームによる輸出量産体制が報じられている。日本のメーカー各社は、それまで米国の商社、メーカーの下請生産であったが、自社商標で米国に進出することとなる。

１９６７（昭和42）年１月28日付朝刊

「売れるカラーテレビ　普及型、予想外の人気　秋葉原では13万円台に」のタイトルで、安売り店が集まる秋葉原で実売の低価格化が進み、三洋電機株式会社（以下、三洋電機）の19インチテーブルタイプ19-ＣＴ１０００（１６３、０００円）が業界初の16万円台で発売されたことが紹介されている。図２-２は同機種の新聞一面広告であるが、「１６３、０００」の文字が大きく表現されていることから、当時としては衝撃的な価格であったと推測できる。

１９６８（昭和43）年７月18日付朝刊

図２-２
三洋19-ＣＴ１０００広告
『毎日新聞』、１９６７（昭和42）年１月14日

「安い原価、半値も可能 カラーテレビ19型8万円」のタイトルで、格安のカラーテレビ受像機が東京の家電製品安売り店に現れたことが紹介されている。

１９６９（昭和44）年9月27日付朝刊
「カラーテレビ　高すぎるぞ〝現金正価〟　生産原価の三－四倍　消費者協会流通機構にメス」のタイトルで、正価と実売価格の例が表で示され「正価十七万五千円前後のカラーテレビの場合……生産原価は約五万五千円程度になる」として、輸出製品に比べて国内製品が高すぎることを取り上げ、メーカーに対しては値下げを要求し、生活者へは購入を控えるべきとしている。

１９７０（昭和45）年2月8日付朝刊
「音声多重式に移す　カラーテレビの重点　家電各社方針」のタイトルで、「視聴者は外国映画や国際ニュースを二ヶ国語で聞分けることができるほか、音楽番組を立体音で聞ける……万国博を契機に本放送に入る予定……十九型の音声多重カラーテレビは二十七万円－二十八万円程度になる」として、新技術による新製品の投入で低価格化への歯止めを掛けたいとのメーカーの意向が見え隠れしている。

1971（昭和46）年1月31日付朝刊
「関東三社も値下げ カラーテレビ　日立など、10－15％」のタイトルで、低価格化に消極的であったメーカー各社も値下げに応じている。

1971（昭和46）年5月14日付朝刊
「テレビ業界　こんどはIC化競争　まずシャープ月末に新製品」のタイトルで、メーカーは、電気部品をIC化することで、性能、品質の向上と共にコストダウンの効果が上がることを期待している。図2－3は、この記事で紹介されている20インチ20C－845（149、800円）と18インチ18C－850（139、800円）の新聞広告である。広告写真と記述より、本体はテーブルタイプ、セット台は別売の専用台で20インチ用TT－1845が5、900円、18インチ用TT－1850が5、500円とされ、本体価格を抑えたいメーカーの商品企画意図を見ることができる。

1972（昭和47）年3月8日付夕刊
「リモコンテレビ　国会でも取り上げる　金属音に過敏な反応」のタイトルで、超音波式リモコンの誤動作が問題になっている。新たな機能の導入には、技術面での完成度が重要であり、これをきっかけにリモコンの普及は、赤外線タイプを待つこととなる。

図2－3
シャープ ハイカラー歓広告
『朝日新聞』、1971（昭和46）年7月2日

１９７２（昭和47）年９月26日付朝刊
「欧州でカラーテレビ生産　家電各社が相次ぎ計画　松下・三洋も進出　特許紛争現地生産で切抜けへ」のタイトルで、日本のメーカー各社が、海外で現地生産現地販売の体制を整えていることを報じている。

１９７３（昭和48）年６月23日付朝刊
「消費者協テスト　欠陥ないけれど画質にかなりの差　小型カラーテレビ」のタイトルで、カラーテレビ受像機においても消費者の視点が価格だけでなく品質、性能にも向けられ始めている。

１９７４（昭和49）年３月12日付夕刊
「情報　カラ振り時代　利用わずか４％　供給量は飛躍的に増大　余暇の過半はテレビ」のタイトルで、データ通信、画像通信、有線テレビ、宇宙通信などの新しい通信手段により情報化が進んでいるが、国民の娯楽はテレビが中心であると報じている。

昭和40年代前半の実需は、白黒テレビ受像機が中心であったが、生活者の関心は、カラーテレビ受像機であった。輸出製品に比べて国内製品が高価すぎたことから、消費者のカラーテレビ受像機に対する値下げ要求が強まり、各社の新製品は、低価格化を主たる要因として変容している。結果として、テーブルタイプが主流となり、カラーテレビ受像機の普及率は、統計が始まった1966年に0・4%であったものが、1974年には87・3%となり、この間の白黒テレビ受像機の普及率は、95・7%から56・2%に低下している（表1－1）。この間に、1世帯1ヵ月の実収入は、6万5千円から20万円（表1－1）となったこともカラーテレビ受像機の普及を押し上げることとなる。

松下電器のデザイン変遷

昭和40年代の松下電器の販売占有率は、常に20%以上あり、[46] 日本におけるデザイン変遷を見る上で適切なメーカーのひとつである。以下、昭和40年代の松下電器テレビ受像機のデザイン変遷について概観する。

1965（昭和40）年

前年の東京オリンピック需要による反動から白黒テレビ受像機の出荷数量は前年比83%（表1－1より算出）と低迷する中、5月にカラーテレビ受像機の19インチコンソールタイプTK－91D（198、000円）を発売するが、同じサイズの白黒テレビ受像機は70、000円を切る価格で発売しており、カラー化の流れをつくることはできていない。10月に従来のコンソールタイプのデザインとは一見して異なる家具調デザインの機種としてTC－96G「嵯峨」（73、800円）を発売している。ポータブルタイプでは、7月に

TR-10A「スピッツ」（39,800円）を発売し、トランジスタ技術による小型化の機種が生まれている。

1966（昭和41）年

4月に19インチTK-900D（235,000円）、9月に19インチTK-980D（195,000円）のカラーテレビ受像機をローボーイタイプ[47]で発売している。白黒テレビ受像機でも、5月に23インチTG-300D（235,000円）をローボーイタイプで発売しており、高級機種は、ローボーイタイプで機種展開している。4月には、19インチコンソールタイプTC-98H「嵯峨1000」（69,900円）を「嵯峨」シリーズとして発売している。

1967（昭和42）年

カラーテレビ受像機の低価格化対応のために、2月に19インチコンソレットタイプTK-905S（168,000円）を発売、11月に16インチポータブルタイプTX-601P（149,500円）を発売している。20万円前後のカラーテレビ受像機は、ローボーイタイプからコンソールタイプに徐々に変わっている。

1968（昭和43）年

この年の機種展開は、カラーテレビ受像機が17機種となり、白黒テレビ受像機の16機種よりも多くなる。価格帯も13インチテーブルタイプCT－31PN（119、000円）から25インチローボーイタイプTK－50DN（590、000円）まで広がっている。

1969（昭和44）年

4月に「嵯峨」シリーズ最後の機種となる白黒テレビ受像機20インチコンソールタイプTC－200AU「インテリア嵯峨」（76、000円）を発売している。ポータブルタイプでは、1月に世界最小を謳った1・5インチTR－001（99、000円）を発売している。

1970（昭和45）年

「人類の未来と調和」をテーマに大阪万国博覧会が開催され、建築、ファッション等のデザインは未来をイメージしたものが多くなる中で、テレビ受像機は、家具調デザインがカラーテレビ受像機でも主流となり、コンソールタイプ、テーブルタイプ共に木目を活かした木製キャビネットになってくる。白黒テレビ受像機は、5月に12インチポータブルタイプで成型樹脂キャビネットを使用したカラフルな4色（赤、黄、白、青）機種展開のTP－25Y（図2－4）（39、900円）を発売している。7月には6インチの画面が筐体からポップアップするユニークなポータブルタイプTR－306R（54、000円）を発売

図2－4　TP－25Y　1970『藤沢テレビ事業部20年のあゆみ』、1983（昭和58）年

している。

１９７１（昭和46）年

カラーテレビ受像機の機種展開はさらに拡大し、４月に13インチポータブルタイプで成型樹脂キャビネットを使用して２色（赤、黄）展開したＴＨ-３０３Ｐ（図２-５）（79,800円）を発売している。このデザインの原型は前年の白黒テレビ受像機ＴＰ-25Ｙであることが写真から推測できる。テーブルタイプでは、４月にＴＨ-２１２Ａ（図２-６）がキャビネットタイプの専用セット台に置かれて現れる。ポータブルタイプでは、９月にユニークな楕円球体デザインの未来的なイメージを持った６インチＴＲ-６０３Ａ（49,800円）を発売している。

１９７２（昭和47）年

カラーテレビ受像機はコンソールタイプとテーブルタイプ、白黒テレビ受像機はポータブルタイプと明確な区分けができてくる。テーブルタイプでは、７月に本体をセット台に置くと側板が一体に見えるＴＨ-２２-Ｙ１（図２-７）を発売している。当時のカタログ写真では、セット台にウィスキーボトルや本が入れられ、収納家具としての役割が広告されている。

図２−５
TH-303P　1971
『テレビ事業部門25年史』、
1978（昭和53）年

図２−６
松下電器　TH-212A広告　『朝日新聞』、
1971（昭和46）年４月17日

図２−７
松下電器　TH22-Y1
松下電器カタログ、1972

１９７３（昭和48）年

カラーテレビ受像機は、14インチポータブルタイプから26インチコンソールタイプまで機種展開され、白黒テレビ受像機は、差別化の手段としてファッション性を取り入れている。その代表的な機種が7月に発売されたＴＲ-５０５Ａ（３２、８００円）で、アウトドアユースをイメージしたデザインと「レインジャー」の愛称で月産3万6、０００台～４万台を達成している。[48]

１９７４（昭和49）年から１９７６（昭和51）年

コンソールタイプの家具調テレビは徐々に少なくなり、専用セット台に置くことを前提にしたテーブルタイプの機種展開が増えてくる。

昭和40年代の松下電器においては、白黒テレビ受像機に導入された家具調デザインが主流となり、カラーテレビ受像機にも影響を与えたと考える。

ポータブルタイプにおいても、カラーテレビ受像機ＴＨ３０３Ｐの原型となったデザインが白黒テレビ受像機ＴＰ-２５Ｙであったことから、白黒テレビ受像機のデザインが生活者へ受容された後に、カラーテレビ受像機に採用されている。メーカーの商品企画は、普及機種と高級機種のデザインを差別化することを考えがちであるが、生活者が受容すればその必要はないことがわかる。

テーブルタイプは、値下げ要求からセット台を別売にして本体価格を抑え、組み合せることで一体型に見せるデザインになる。

2　コンソールタイプ

白黒テレビ受像機は、昭和30年代に三種の神器（テレビ、洗濯機、冷蔵庫）のひとつであったが、昭和40年代になると新三種の神器は、3C（カラーテレビ、クーラー、カー）となり、憧れの製品としての役割を終えた。しかし、カラーテレビ受像機は、カラー放送番組の不足と受像機が高価であったことから普及が遅れ、昭和40年代前半の出荷台数は、白黒テレビ受像機が大半を占め（表1-1）、家具調テレビといわれるコンソールタイプが主流の機種であった。現在から見ると、家具調テレビ以前のコンソールタイプは、シンプルでモダンなデザインである。一旦はモダンなデザインになりながら何故、家具調テレビのデザインになったのか？　ここでは家具調テレビの誕生について考察する。

4本の丸脚付コンソールタイプ

普及期の昭和30年代前半に欧米から導入された4本の丸脚付コンソレットタイプが和洋折衷の日本の生活に受け入れられ主流となったことは報告したが、同時期の高級機種であるコンソールタイプにも短い4本の丸脚が付いていた。米国と日本における4本の丸脚付コンソールタイプの出現について明らかにしたい。

（1）米国の４本の丸脚付コンソールタイプ

４本の丸脚付コンソレットタイプと同様に、４本の丸脚付コンソールタイプについても日本で主流となる前に米国で同様のデザインがあったことが確認できる。

米国における４本の丸脚付コンソールタイプについて、今回のカタログ調査[49]では、１９５５（昭和30）年の米国において、Admiral（図２－８）、Philico 4118（図２－９）、GE 21C107（図２－10）、Motorola 21K24（図２－11）がいずれも21インチの機種で発売されていたことが確認できた。

Admiralの広告では、「Brand New! and amazingly low-priced! ADMIRAL GIANT 21″TV only $149.95」の記述があり、４本の丸脚付コンソールタイプは普及価格帯の製品である。

Philicoの広告でも、「Lowest priced in Philico history for a custom style」の記述があり、この機種がPhilico社にとって戦略的な低価格の製品であったことがわかる。

Motorolaの広告では、「Here's styling as modern as tomorrow! Natural birch cabinet with unique sliding front door and detachable legs」の記述があり、モダンなスタイルで、天然木のキャビネットにスライド扉付きであることが訴求され、４本の丸脚は着脱式である。

図２－８
Admiral　1955（昭和30）年

図２－９
Philico 4117　1955（昭和30）年

図２－10
GE　1955（昭和30）年

図２－11
Motorola　1955（昭和30）年

1955年の米国では、既に4本の丸脚付コンソールタイプがモダンで新しいとされ、普及機種として導入されていたことがわかる。以降、米国ではこのタイプのデザインが1960年頃まで主流となっていたことが各社のカタログ広告より確認できる。

(2) 日本の4本の丸脚付コンソールタイプ

日本における4本の丸脚付コンソールタイプについて、今回の新聞広告調査[50]では、1960（昭和35）年4月9日『毎日新聞』の日本ビクター株式会社（以下、日本ビクター）14T-700（図2-12）が初出の機種である。広告の記述でも、「デザインは日本で最初のコンソールタイプ」のキャッチコピーがあり、「テレビも調度品の一つとして、格調の高いスマートなものをお選びください……高級木材のしぶい触感がそのまま生かされた豪華な美しいデザイン」と、デザインについての説明をしている。また、機種品番の前には、「14型豪華コンソール」の表記が確認できる。14インチで導入された4本の丸脚付矩形キャビネットのコンソールタイプは、次第に画面サイズが大型化し、メーカー各社より類似のデザインで製品を発売していたことが確認できる（図2-13~図2-16）。

米国製品と日本製品のデザインを広告写真で比較すると、特徴的な共通点は、4本の丸脚、矩形のキャビネット、スピーカー部のサランネット[51]である。操作部の配置について、広告写真を見る限りでは米国のコンソールタイプが画面の下部に位置しているのに対して、日本製品は画面の右に配置されている。これは、画面が14インチから19インチと米国の21

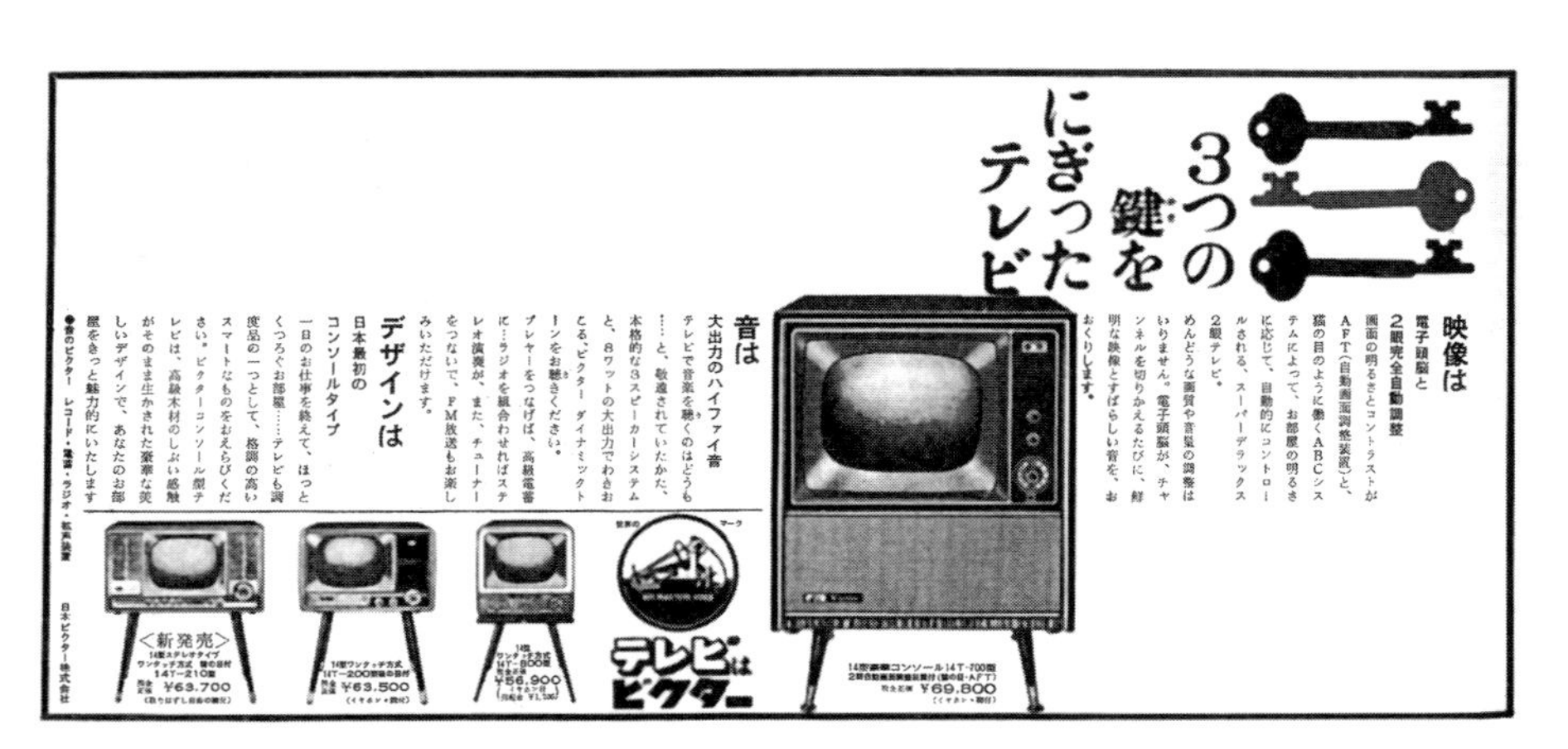

図2－12
日本ビクター14T-700 『毎日新聞』、1960（昭和35）年4月9日

インチに比べて小さかったことから、キャビネットのプロポーションを立派に見せるための配置であると推測できる。操作部の配置は異なるが、明らかに米国のデザインを手本にしており、導入された年度から日本製品が米国製品の影響を受けていたのは明らかであろう。

昭和40年代初頭まで、日本におけるコンソールタイプのテレビ受像機は、米国製品を手本にしたデザインであり、日本の生活者の要望から生まれたとは言えないだろう。シンプルでモダンなデザインであったのは、米国の生活様式から生まれたデザインをそのまま導入したためであり、このことは、当時の新聞広告において、テレビ受像機を設置している空間が西洋風（図２－13～図２－16）であることからも見てとれる。

前章[52]では、４本の丸脚付コンソレットタイプを日本で初めて導入したのは日本コロムビア株式会社であったことを報告したが、コンソールタイプにおいては日本ビクターであり、共に欧米との関係が深いメーカーであったことから、欧米製品の情報が入りやすく影響されやすかったのであろう。

家具調テレビ

(1) 米国の家具調デザイン

１９６０年代前半の米国において、矩形キャビネットに４本の丸脚付コンソールタイプの次にでてきたデザインには、ローボーイタイプの家具様式を取り入れた動きが見られる。

１９６０（昭和35）年、ＧＥのカタログでは、「THE THREE BIG NEWS IN TELEVI-

図２－13　日立　3500　『毎日新聞』、
1963（昭和38）年10月５日

図２－14　松下　TC-39G 『毎日新聞』、
1965（昭和40）年２月25日

図２－15　三洋　16-CT50 『朝日新聞』、
1965（昭和40）年３月27日

図２－16　東芝　16WR 『毎日新聞』、
1965（昭和40）年４月12日

SION」と題して3タイプの家具調デザインが紹介されている。個々の機種には名称がついており、FRENCH PROVINCIAL、COLONIAL LO-BOYと共にカタログ上で最も大きく扱われているのが、DANISH WALNUT（図２－17）である。

１９６０年、MOTOROLAのカタログでは、機種の名称として、TOURAINE FRENCH PROVINCIAL CABINET、PROFILE MODERN CABINET、DECLARATION MODERN CABINET、TRAVE COURT 18th CENTURY CABINET、DUTCHESS COUNTY EARY AMERICAN CABINETと共にPROJECTION DUNISH MODERN CABINET（図２－18）が使用されている。

１９６２年、MAGUNAVOXのカタログでも、機種の名称として、AMERICAN TRADITIONAL、AMERICAN MODERN、NORMANDY PROVINCIALと共にDANISH MODERN（図２－19）、DANISH CONTEMPORARY（図２－20）が使用されている。

米国においては、様々な家具の様式がテレビ受像機のキャビネットデザインに取り入れられ、それらを表現する名称が使用されていたことが確認できる。その中でも、各社が１９５０年代に家具のデザイン潮流のひとつであったデーニッシュ・モダン・デザインを取り入れラインナップしていたことが、デザインと呼称からわかる。

（２）日本の家具調デザイン

表２－１と表２－２は、日本のメーカー各社より、矩形キャビネットに４本の丸脚付コ

図2－17
GE　DUANISH WALNUT　1960（昭和35）年

図2－18
Motorola　PROJECTION DANISH MODERN CABINET　1960（昭和35）年

図2－19
Magnavox　DANISH MODERN
1962（昭和37）年

図2－20
Magnavox　DANISH CONTEMPORARY
1962（昭和37）年

ンソールタイプと差別化して製品化された最初の機種から１９６６年に発売された機種までを調査した結果である。表２－１は白黒テレビ受像機、表２－２はカラーテレビ受像機について一覧にしたものである。

今回の調査から、日本においてもテレビ受像機に家具のデザイン要素を取り入れた機種がでてきていたことが確認できる。その中で１９６５年10月に発売された松下電器の「嵯峨」（図２－21）は、初期の機種のひとつであり、家具調テレビの典型として各社のデザインに影響を与えたとされている[53]。

昭和40年代初頭は、景気浮揚策としてカラーテレビ受像機が注目され、技術的にもカラー化の時代になっていた。しかし、１９６５年のテレビ受像機出荷台数は４２２万台（表１－１）で、初めて前年度割れし、７月の生産在庫は過去最高の60万台[54]となる。このような状況の中で、カラーテレビ受像機は高価であり販売の主軸にはならなかったことから、白黒テレビ受像機で売れる機種が必要となり、魅力的な価値を付ける手段として家具調デザインが取り入れられたのであろう。家具調デザインを取り入れたテレビ受像機は、景気後退の最中に開発された機種であることがわかる。

「嵯峨」をデザインした橋本實へ家具調デザインについてヒアリングしたところ、「日本的なデザインをしようとしたのではなく、当時注目していたデーニッシュ・モダン・デザインを学んだ結果だ」と言っている。しかし、前述の米国メーカーのデーニッシュ・モダン・デザインとされるテレビ受像機のデザインと比較しても形態上の類似点は、天板がキャビ

図2－21
松下電器「嵯峨」広告　『讀賣新聞』、1965（昭和40）年10月27日

ネットから張り出していること以外に認めることは難しい。米国における家具の様式を取り入れたテレビ受像機の多くが横型であるのに対して、日本のテレビ受像機は縦型が多いことも異なる点であり、これは住空間の広さによるところが大きいと推測できる。

表２－１の白黒テレビ受像機における機種展開を見ると、「嵯峨」が発売された翌年の１９６６年には、メーカー各社より家具調デザインを採用した機種が出揃っていることが確認できる。また、それまでのコンソールタイプが矩形キャビネットであったために画一的なデザインに陥りやすかったのに対して、デザイン展開の幅が広い。基本形態は、縦型が主流ではあるが、日立製作所、東京芝浦電気は横型のローボーイタイプでデザインを機種展開しており、米国のデザインを意識しているとも見ることができる。各社が差異を付けている主たる形態要素としては、キャビネット天板、スピーカーグリル、脚形状の３点である。

表２－２は、表２－１と同時期に各社から発売されたカラーテレビ受像機の一覧である。白黒テレビ受像機に比べると家具調デザイン以前のコンソールタイプの特徴であった４本の丸脚とスピーカー部サランネットの機種が多いのは、西洋風で豪華に見えたこともひとつの要因であると推測できる。しかし、家具調デザインを採用した機種もあることから、高級機種であったカラーテレビ受像機においても、家具調デザインは受け入れられ始めていたと推測できる。

製造メーカー	松下電器			東京芝浦電気			日立製作所		三洋電機	
愛称	嵯峨（さが）	嵯峨1000（さが）	武蔵（むさし）	キングオブ19	王座（おうざ）	とびら	ステージ・ルック	ハイ・シリーズ	ルネッサンス	日本（にっぽん）
題字				—			—	—	—	
書家	棟方志功	棟方志功		—	大山康晴	川端康成	—	—	—	イサム・ノグチ
機種品番	TC-96G	TC-98H	TF-97F	19FA	19GK	19FX	N-19S	N-25S	19-W90	19-K1
現金正価	73,800円	69,900円	71,500円	74,800円	69,800円	76,900円	73,800円	74,500円	69,500円	69,800円
初出広告日	『讀賣新聞』1965.10.27	『朝日新聞』1966.6.26	『毎日新聞』夕刊 1966.4.19	『讀賣新聞』1965.7.22	『毎日新聞』1966.10.17	『讀賣新聞』夕刊 1966.11.29	『毎日新聞』1965.2.19	『讀賣新聞』1966.7.13	『毎日新聞』1965.6.13	『朝日新聞』1965.10.18
製品写真										

製造メーカー	三菱電機	早川電機		（八欧）ゼネラル			日本ビクター	日本コロムビア	NEC	富士電機
愛称	—	幸（しあわせ）	愉（たのしみ）	金閣（きんかく）	金剛（こんごう）	金剛（こんごう）	—	1966年7月より 巌（いわお）	太陽（たいよう）	富士（ふじ）
題字	—						—			
書家	—	—	—	—	—	—	—	—	—	—
機種品番	19K-870	44G-S1	19G-V1T・V1S	19-CK	19-CZ	19BZ	19T-960	19BB7	19-Y9	TF9-97FW
現金正価	72,500円	63,800円	73,500円	69,000円	72,000円	73,000円	75,900円	69,800円	71,800円	72,000円
初出広告日	『讀賣新聞』19666.19	『毎日新聞』1966.4.9	『毎日新聞』夕刊 1966.11.1	『毎日新聞』1966.7.17	『毎日新聞』19667.17	『毎日新聞』1966.10.30	『讀賣新聞』1966.1.13	『讀賣新聞』1966.6.30	『讀賣新聞』夕刊 1966.8.11	『毎日新聞』1966.10.13
製品写真				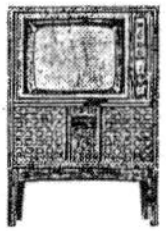						

資料は、1965（昭和40）年1月～1966（昭和41）年12月の『毎日新聞』『朝日新聞』『讀賣新聞』を調査し、各機種の初出新聞広告による。

表2－1
白黒テレビ受像機における各社の家具調デザインの展開

製造メーカー	松下電器			東京芝浦電気	日立製作所			三洋電機		三菱電機
愛称	ナショナル人工頭脳カラーテレビ	パナカラー	パナカラー	ユニカラー	ステージ・ルック	1966年5月からキドカラー	キドカラー	—	サンカラー	—
機種品番	TK-91D	TK-900D	TK-950D	19WB	CTS-26S	CN-70C	CN-80C	19-CT300	19-CT700	19CK-650
現金正価	198,000円	235,000円	199,500円	199,000円	178,000円	198,000円	199,000円	198,000円	194,800円	198,000円
初出広告日	『毎日新聞』夕刊 1965.4.26	『朝日新聞』 1966.6.16	『朝日新聞』 1966.6.16	1966(S41)年7月	『朝日新聞』 1965.5.28	『毎日新聞』 1965.9.15	『朝日新聞』夕刊 1966.10.21	『毎日新聞』 1966.2.26	『朝日新聞』夕刊 1966.10.22	『毎日新聞』 1965.12.14
製品写真										

製造メーカー	早川電機			八欧(ゼネラル)	日本ビクター		日本コロムビア		NEC	富士電機
愛称	—	ハイ・カラー	ハイ・カラー歓(よろこび)	—	ハイファイ・カラー	ハイファイ・カラー	—	ファインカラー	オートカラー	—
機種品番	19C-G9	19C-19	19C-D1	19CC-B	19CT-51	19CT-806	16CY3	19CT8	19-CT7	TF9-CS20
現金正価	198,000円	208,000円	191,000円	199,000円	199,500円	199,800円	220,000円	198,000円	198,000円	199,000円
初出広告日	『朝日新聞』 1965.8.30	『朝日新聞』 1966.8.11	『毎日新聞』夕刊 1966.11.1	『朝日新聞』 1965.11.18	『朝日新聞』 1965.8.12	『毎日新聞』 19667.30	『朝日新聞』 1965.1.17	『毎日新聞』 1966.3.21	『朝日新聞』 1966.11.18	『毎日新聞』 1966.3.19
製品写真										

資料は、1965(昭和40)年1月～1966(昭和41)年12月の『毎日新聞』『朝日新聞』『讀賣新聞』を調査し、各機種の初出新聞広告による。

表2-2
カラーテレビ受像機における各社の家具調デザインの展開

(3) 和風ネーミング

表2－1、表2－2より、1966年までの家具調テレビに和風ネーミングが付いていたのは、白黒テレビ受像機だけである。

家電製品で和風ネーミングを使用した初期の製品のひとつに、1964年12月に松下電器より発売されたステレオセットSE－200「飛鳥」がある。新聞広告の記述によると、題字は女流書家の町春草[55]で、優美でやさしい書体は、「飛鳥」の名前に相応しいと感じる。「飛鳥」発売1年後の新聞広告(図2－22)では、「飛鳥」に加えて「宴」「潮」のネーミングが展開されていることから和風ネーミングの使用を拡大させる宣伝戦略がとられていたことがわかる。また、「嵯峨」をデザインした橋本が、「『飛鳥』『嵯峨』ともに、ネーミングは宣伝部門によって検討された」と言っていることから、「飛鳥」の和風ネーミングが「嵯峨」に影響を与えたのは明らかであろう。

「嵯峨」と同月に新聞広告を開始した三洋電機の白黒テレビ受像機「日本」(図2－23)は、広告記述より、題字は当時話題のデザイナー、イサム・ノグチであり、デザインについては、「日本人は、伝統を大切にします。〈匠たくみ〉とか〈職人気質クラフトマンシップ〉がいまに生きています。……日本の伝統美・あぜくら造りを基調としたこの優雅と格調を……そして銘木の美しさ」とあり、日本的イメージが強調され和風ネーミングとも合致している。各社が和風ネーミングを採用したのは、先に発売された「嵯峨」「日本」に影響されたた面が大きく、家具調テレビが、デーニッシュ・モダン・デザインの影響を受けていな

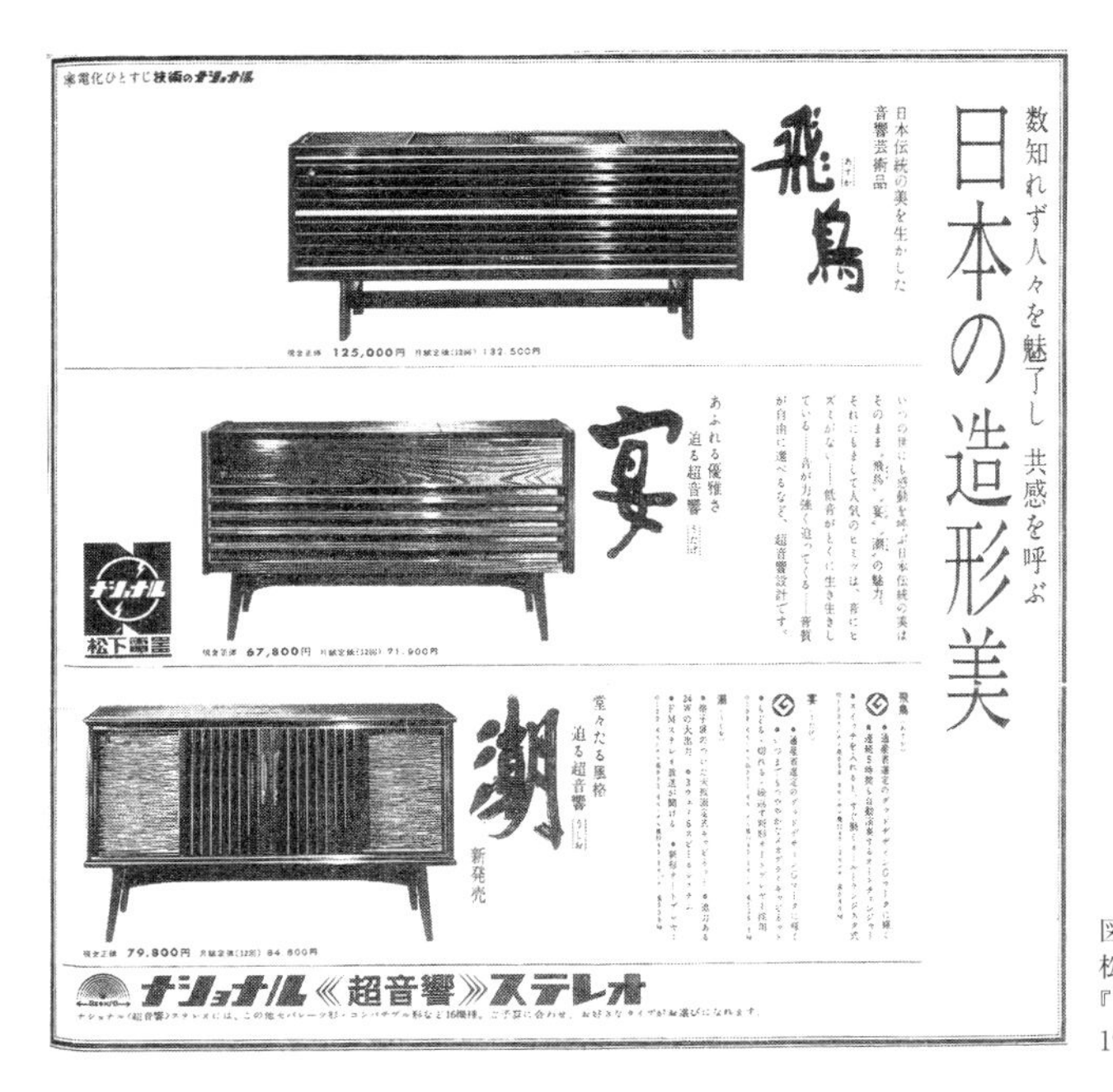

図２－22
松下電器　家具調ステレオ広告
『毎日新聞』、
1965（昭和40）年11日８日

図２－23
三洋電機「日本」広告　『朝日新聞』、
1965（昭和40）年10日18日

がら日本的イメージを強く持ったのは、この和風ネーミングによる広告が主たる要因であったと推測できる。白黒テレビ受像機のローボーイタイプとカラーテレビ受像機にカタカナのネーミングが多いのは、欧米イメージ、先進イメージに和風ネーミングが合わなかったためであろう。

3テーブルタイプ

白黒テレビ受像機のテーブルタイプは、草創期より普及機種として位置づけられ、製品として安価につくることが重視されていた。住空間においては、既設の棚、テーブル上に設置されるか、メーカーが提供したセット台の上に置かれていたが、4本の丸脚を付けることでコンソレットタイプになった。カラーテレビ受像機のテーブルタイプは、住空間で見やすい画面の高さを確保する手段として、当初は白黒テレビ受像機と同様に4本の丸脚付きのコンソレットタイプとなるが、次第に、木目模様の木製キャビネットタイプのセット台との組み合わせになる。

以下、カラーテレビ受像機のテーブルタイプにおけるデザインの変容について、素材と工法を中心に考察する。

キャビネットの素材と工法

大日本印刷株式会社（以下、大日本印刷）社史[56]によると、１９６５（昭和40）年にプラスチック化粧板用の薄葉紙をチタン紙の代わりに生産開始しており、その理由を「高級テレビやステレオなど、多くの家電製品にウォールナット（くるみ）材の突き板が使われていたが、天然木材を使用するため原材料の入手が困難になっていた」としている。テレビ受像機のキャビネットに、木目模様のメラミン化粧板、ポリエステル化粧板といったプラスチック化粧板が多く使われていたのはこのためである。しかし、家具調デザインでは天然木の肌触りが見直され、プラスチック化粧板では表現できない木目の導管を際立たせたオープンポア仕上げ[57]が求められたために、再び天然木の無垢材、天然木化粧板が使われるようになる。そして、各社が家具調テレビを主要機種に展開し大量の天然木を使用したために、今度は、天然木に代わるよりリアルなキャビネットの表面素材が求められたと推測する。

凸版印刷株式会社（以下、凸版印刷）社史[58]によると、塩化ビニール化粧板（以下、塩ビ化粧板）が日本で初めて商品化されたのは１９５８年で、同社は１９６３年に塩ビ化粧板を「トップパネル」の商品名で発売している。しかし、テレビ受像機への使用については、１９６８年の記述に、「木目化粧板用耐熱塩化ビニールフィルムが、松下電器産業株式会社製のテレビキャビネットの表面材に採用された[59]」とある。

大日本印刷社史によると、１９６７年の記述に、「より精細な木目化粧板として、塩ビダブリングエンボス化粧シートを開発……表面に凹凸エンボス（非同調、絵柄と関係なく溝がついているだけ）をつけたもので、木目模様の実物感がだせる……塩ビダブリング化粧シートは松下電器産業㈱のテレビのキャビネットに採用されたが、受注量が多かったために、自社工場のエンボス機だけでは生産が間に合わず、外注先のエンボス機を改良して増産した[60]」とあり、テレビ受像機のキャビネットに塩ビ化粧板が大量に使用され始めたのは、木質感表現がよりリアルになってからであった。

松下電器社史[61]によると、1965年5月発売のカラーテレビ受像機TK-91Dで、天然木を使用したオープンポア仕上げが採用されている。「嵯峨」は、高級機種と同じ仕上げを採用することで家具調デザインの特長としたため、ひと目で代用品とわかる初期の塩ビ化粧板の導入には抵抗があったのであろう。当時の木目塩ビ化粧版の開発に関わったデザイナー小野紘之は、「塩ビ化粧板に必要であったのは、なんと言ってもリアルな木目表現であり、天然木に取って替わる表現性を実現するために種々の改善が必要であった」と言っている。当時のデザイナーが材料メーカーと共に、よりリアルな木質感表現を求めて塩ビ化粧版の開発に関わっていたことがわかる。そして、1967年には、コンソールタイプTK-970Dがエンボス加工の塩ビ化粧板を使用したフォールディング工法[62]を採用している。

今回の調査では、「嵯峨[63]」以外の機種の素材、工法について、現物で確認することはできていないが、大日本印刷、凸版印刷、松下電器の社史と当時のデザイナーへのヒアリングより、本格的に木目模様の塩ビ化粧板が使用されたのは、1967年に発売された機種からであると推測できる。すなわち、テーブルタイプ用の安価な木目セット台を製造するための素材と工法が、家具調デザインの普及と共に確立していったと見ることができるだろう。

セット台一体型

三洋電機は、業界の低価格化を先導する機種として19インチのテーブルタイプ19-CT1000（163,000円）（図2-2）を発売した後に、コストを抑えるために画面サイズを16インチに小さくしてまで家具調テレビ16-CT70（143,000円）（図2-24の左上）を発売している。画面サイズという最も生活者に訴えることのできる価値を下げてまで家具調デザインにするための外装費にコストを掛けたのは、生活者にとってカラーテレビ受像機のテーブルタイプが、家具調テレビと比較すると外観の豪華さでは見劣りしたためであろう。

一方、生産者にとっては、値下げ要求に応えるためにテーブルタイプを発売する必要があった。家具調テレビからテーブルタイプにすることで加工組み立てが簡単になり、キャビネット工程の作業工数が減るからである。しかし、キャビネット工場の設備投資をしていたために稼働率を確保する必要があり、セット台は減った工数を補う製品となり得たのであろう。当時の松下電器テレビデザイン部のデザイナー三谷清へのヒアリングによると「キャビネット製造工法を活用してセット台を作成することを提案してきたのはキャビネットメーカーだった」と言っていることからも確認できる。

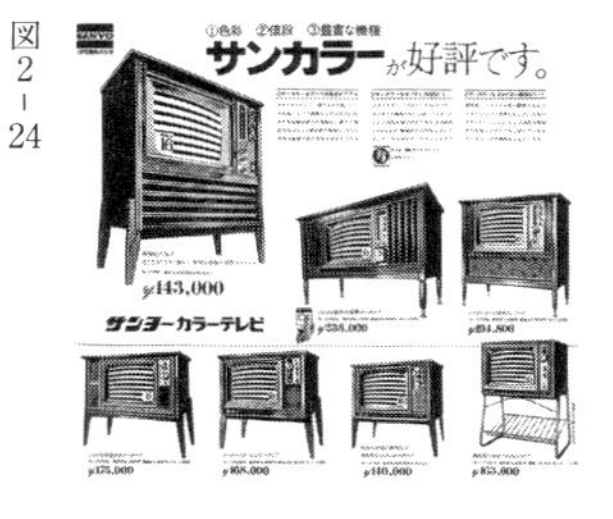

図2-24　三洋　16CT70『毎日新聞』、1967（昭和42）年7月4日

メーカーの事情で製品化されたセット台であるが、通産省グッドデザイン選定品を時系列に見ると、セット台付きのテーブルタイプは、1971年に松下電器TH-212A／TY-291（図2-6）が初めて選定され、その後、1972年に日立製作所CE-215／PTB-215G（図2-25[64]）、東京芝浦電気18D2T、松下電器TH-21Hが選定されており、次第にデザインが評価されて、ひとつの様式となっている。

セット台が生活者に受け入れられた機能的な要因としては、現在最も一般的な使われ方であるビデオデッキの収納が考えられる。しかし、昭和40年代中頃は、ビデオデッキの普及以前であり、ステレオもコンポーネントタイプにはなっていなかったことから、セット台は、生活者の機器収納要望に応えるためではなく、コンソールタイプに代わるインテリアとしての新しい価値を提供するためであったと見ることができる。

図2-25　日立　CE-215／PTB-215G　グッドデザイン賞1972（昭和47）年

4　昭和50年代のテレビ受像機

昭和50年代に、カラーテレビ受像機の普及率は、ほぼ100%となる。白黒テレビ受像機で主流となった家具調テレビのデザインは、カラーテレビ受像機においても継承されるが、昭和50年代後半には姿を消している。以下、新聞記事よりテレビ受像機を取り巻く状況を概観し、昭和50年代にグッドデザイン賞[65]として選定されたテレビ受像機を中心に、テレビ受像機のデザイン変遷について考察する。

テレビを取り巻く状況

１９７５（昭和50）年１月から１９８４年12月までの『朝日新聞』を通読し、新聞記事よりテレビを取り巻く社会状況、メーカーの開発状況、生活者の意識の変化について、特に注目した内容を紹介する。

１９７５（昭和50）年６月25日付朝刊

「老人世帯このさびしさ　都内に子がいても別居　生計も自分が働いて　生きがいはテレビ」のタイトルで、文京区が65歳以上の高齢者世帯を対象に調査した結果が掲載されている。「生きがい、楽しみは何ですか」の質問に対して、「テレビ」が48・６％でトップであったことに対して、区福祉課のコメントとして「たいへん考えさせられるデータだ。老人の楽しみとしてはほかになにもない、というのが現実なのだろう」と報じている。テレビはベストソリューションではなく、代替えであるとの認識から、喜んで社会的に受け入れられていなかった状況が伝わる記事である。

１９７５（昭和50）年12月30日付朝刊

「はがき評　テレビと子供　どこへ導く　多大な影響　ＣＭに注文」のタイトルで、テレビが子供たちに与える影響について「少年少女は、ますますテレビと一体感を深め、学校の教師や両親に反抗することはあっても、テレビの映像には素直に服従し、今ではテレビが彼らの『やさしくて頼りがいのある先生』の座にのし上がった感さえある」と心配する内容が、読者投稿として紹介されている。前述の記事と同様に、テレビの普及が社会に与える影響が大きくなっていることを伝える記事である。

1976（昭和51）年6月30日付夕刊

「家庭のテレビでゲーム　電子装置に切り替えて」のタイトルで、「『ご家庭のテレビを使ってテニスを楽しもう』――こんなコマーシャルが、やがて日本でも聞かれるようになるだろう」と、街のゲームセンターなどでしか楽しめなかったゲームが自宅で楽しめるようになるとして、そのための装置についても紹介している。「『テレビは、放送局の電波を受けるもの』というイメージは、近い将来、くずれ果ててしまうかもしれない」と結んでいる。

1977（昭和52）年5月17日付朝刊

「七月から向こう三年間　年175万台で合意　対米カラーテレビ輸出」のタイトルで、昭和50年代になってからの対米カラーテレビ受像機の輸出問題は、両国政府間交渉となり、「年175万台」の数量規制で決着したことが伝えられている。この背景には、価格、性能、品質で優位になった日本製品が米国の市場、生活者に受け入れられたことがある。しかし、対米輸出の総量規制により、メーカー各社は国内市場の開拓に向かうこととなる。

1978（昭和53）年9月3日付朝刊
「テレビにステレオ化の波　茶の間〝直撃〟近そう　二ヶ国語の『コロンボ』　野球の実況にも臨場感」のタイトルで、「テレビの多重化放送……簡単にいえば、テレビがステレオ化することと……白黒、カラーにつぐテレビの「第三世代」と家電、テレビ業界の鳴り物入りのPRが間もなく始まる」として、音楽や臨場感のあるスポーツを楽しむことができることなど、二ヵ国語放送の活用について紹介している。テレビのステレオ化が「テレビの第三世代」と騒がれたのは、個人消費による景気浮揚策として、これまでと同様にテレビ受像機が注目されたからであろう。

1979（昭和54）年9月16日付朝刊
「一家だんらん　テレビが主役　七割の家庭で〝座持ち〟子供につられて見る番組も」のタイトルで、「約七割の家庭で、夜の一家だんらんのときテレビをつけている。だんらんの話題もテレビが第二位……テレビが家庭のだんらんの〝かすがい〟〝座持ち役〟になっている」として、テレビ受像機が居間の中央にある風景が定着していたことが記事からわかる。

1980（昭和55）年6月27日付朝刊
「電話で呼ぶテレビ「キャプテン」実用化へ態勢　来年度、都区内全域実験へ」のタイトルで、現在のインターネット環境で情報を入手するのと同様に、「電話でテレビ画面に生活

『コロンボ』
アメリカで制作・放送された刑事ドラマ『刑事コロンボ』は、日本でも1972年から放送され人気番組であった。1978年には二ヵ国語放送されていた。

情報を呼び出す新メディア」として、「キャプテンシステム」が紹介されている。このシステムは普及することはなかったが、テレビ受像機の用途は放送番組を観ることだけではないことを一般に知らしめる効果があった。

１９８１（昭和56）年6月13日付朝刊

「ソニー　米東海岸にテレビ工場　将来はＶＴＲも生産」のタイトルで、日米貿易摩擦から数量規制対象となったカラーテレビ受像機の需要について、「米国内におけるカラーテレビは、七八年をピークに急減するかにみえたが、昨年秋口からなぜか売れはじめ」として、各社が貿易摩擦を避けるために、現地生産を急いでいた様子が報じられている。

１９８２（昭和57）年11月30日夕刊

「情報92・8％はタレ流し　国民テレビ離れ　『個人的・専門的』を志向」のタイトルで、「この十年間、情報量はふえる一方だが、国民が受け止めた五十五年度の情報量は対前年度比一・三％減、と初めて減少した。最大の原因はテレビ離れ」として、テレビは国民への情報提供メディアの首位ではあるが、テレビ以外からの「個性的・専門的」な情報を望む傾向が出てきているとしている。インターネットの個人使用が活発化するのは１９９０年代になってからであるが、既にこの頃よりインターネットによる情報検索が受け入れられる土壌ができつつあった。

「キャプテンシステム」
キャプテンシステム（CAPTAIN System は Character And Pattern Telephone Access Information Network System の略）１９７０年代後半から開発された電話回線による文字・画像・簡易動画を送受信するシステム。インターネットの普及により２００２年にサービスを終了した。

1983（昭和58）年7月11日付夕刊
「ニューメディアの現場④」のタイトルで、「図面をテレビカメラで写し、本社（東京）から工場（長崎）へ送る。図面を見ながら詳細の修正や打合せが瞬時にできる」として、ビジネスにおけるテレビ電話を紹介している。これらは、テレビが放送を受信するだけのものから新たな用途を広げようとしていることを伝えるものである。このコラムはシリーズで、6月27日の「ニューメディアの現場②」では、「未来派テレビ　ホテルで流行の兆し番組、案内　自在に選択」のタイトルで、近未来のホテルサービスのあり様を紹介している。

1984（昭和59）年10月3日付朝刊
「使ってみたら　INS実験スタート　テレビ電話　映りはしたけど　音声・・・いま一歩」のタイトルで、テレビ電話が家庭へ導入された場合の状況を実験例で紹介している。技術的な課題も多く、実用化はまだ先であるとしているが、技術の進歩が生活を変えてくることを一般に伝える記事である。

昭和50年代は、日本のカラーテレビ受像機の商品力が価格、品質、性能面で国際的に優位な状況となり、日米、日欧での貿易摩擦を激化させる要因のひとつとなった。結果として、輸出数量規制等で日本からの輸出が難しくなり、海外市場向けのテレビ受像機に関しては海外現地生産に移行することとなる。

一方、国内市場においては、市場の活性化を目的として、音声多重放送（ステレオ放送）の導入が白黒からカラーに続く放送の革新として導入された。テレビ受像機は、音声多重放送の普及と同時期に生まれたニューメディアと称する放送以外のメディアを映す映像機器として注目されるようになる。テレビ受像機は、家族団欒の中心にあって放送番組だけを観るモノではなくなった。このことが、家具調デザインに縛られていたテレビ受像機のデザインを変容させるきっかけになっていったようだ。

グッドデザイン賞の変遷

昭和50年代のテレビ受像機のデザイン変遷をグッドデザイン賞に選定された機種より概観する。表2－3は、昭和50年代にグッドデザイン賞として選定されたテレビ受像機の代表的なデザインをコンソールタイプ、セット台一体型のテーブルタイプ、テーブルタイプ、ポータブルタイプに分けて、一覧にしたものである。表2－4は、昭和50年代にグッドデザイン賞に選定されたテレビ受像機の機種数を上記タイプ別に集計したものである。

昭和50年代になると、家具調テレビに代表されるコンソールタイプの選定数は少なくなり、時系列に選定されたデザインを見ると、コンソールタイプのデザイン展開は少なく、特に、「嵯峨」に代表される家具調テレビの特徴を持ったデザインは１９７５（昭和50）年に1機種のみである。そして、１９８０年前後にセット台一体型のテーブルタイプの選定数が増加する。セット台一体型は、スピーカーと操作部の配置より片袖タイプ、両袖タイ

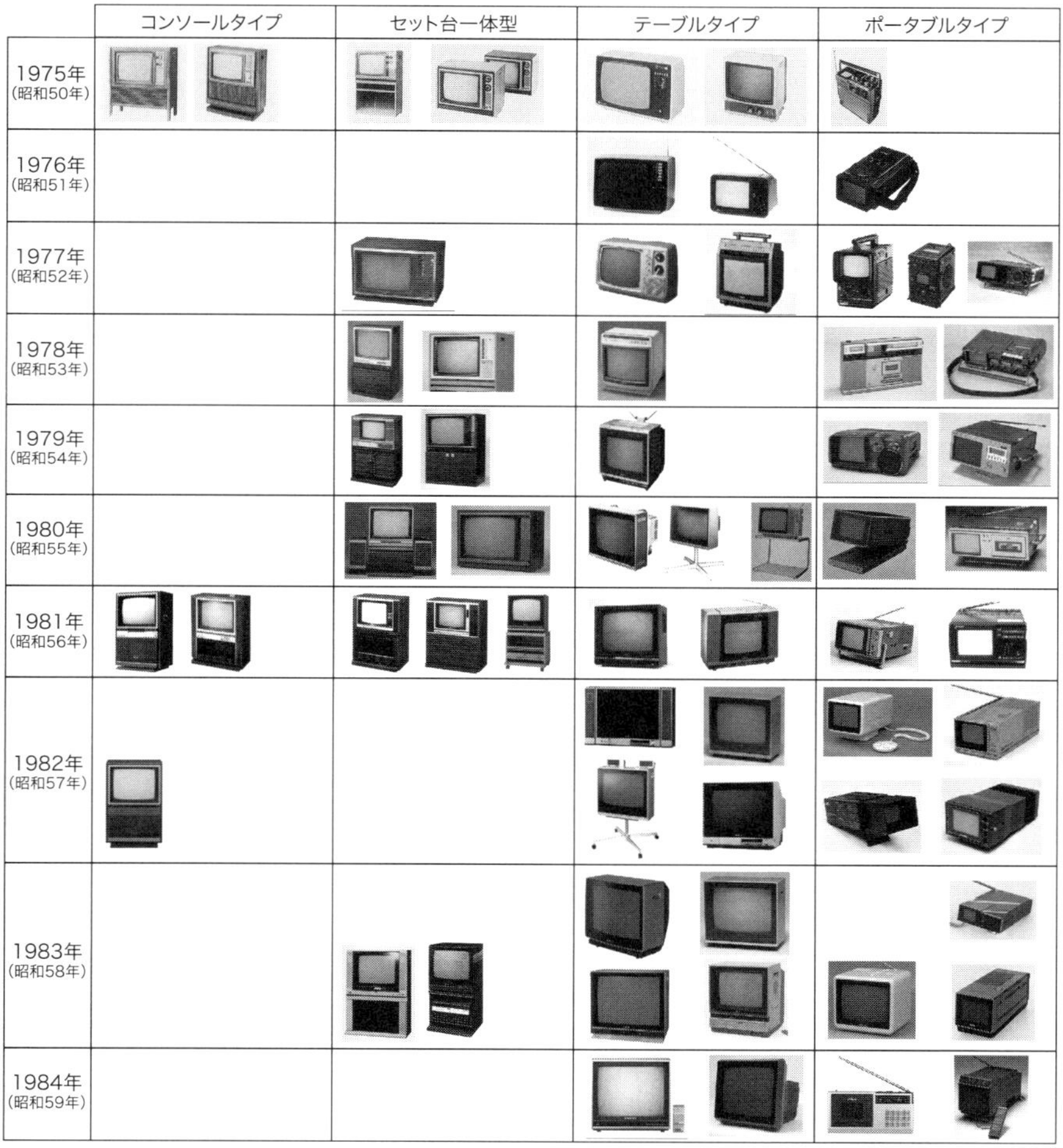

	コンソールタイプ	セット台一体型	テーブルタイプ	ポータブルタイプ
1975年（昭和50年）				
1976年（昭和51年）				
1977年（昭和52年）				
1978年（昭和53年）				
1979年（昭和54年）				
1980年（昭和55年）				
1981年（昭和56年）				
1982年（昭和57年）				
1983年（昭和58年）				
1984年（昭和59年）				

表２－３
テレビ受像機のグッドデザイン賞選定代表的機種

	コンソールタイプ	セット台一体型	テーブルタイプ	ポータブルタイプ
1975（昭和50）年	2	4	3	1
1976（昭和51）年	0	0	3	1
1977（昭和52）年	0	1	4	4
1978（昭和53）年	0	2	1	3
1979（昭和54）年	0	5	1	3
1980（昭和55）年	0	3	9	2
1981（昭和56）年	2	8	5	5
1982（昭和57）年	1	0	50	8
1983（昭和58）年	0	4	38	3
1984（昭和59）年	0	0	25	2

表２－４
テレビ受像機のグッドデザイン賞選定数推移

プ、縦型とデザイン展開が拡大し、1981年には、8機種が選定されている。選定数の増加は、セット台一体型のデザインが注目されていた現れであろう。

テーブルタイプは50年代後半になると選定数が急増し、1982年には50機種が選定されている。各社がテーブルタイプでデザインを重視した機種を開発し、発売していたことの現れである。急激に選定数が多くなったテーブルタイプのデザイン特徴は、正面視において画面だけであることを強調したコンパクトな筐体を樹脂成型の前後キャビネットで構成していることであった。

ポータブルタイプについても一定数の機種が選定されているのは、小型化技術を背景にして機種展開数が増加したためと推測できる。ポータブルタイプについては、草創期の居室間を持ち運びできるものからバッテリーによるアウトドア使用を可能にしたより小型のものが主流となり、カセットテーププレーヤーとの一体化等の複合化により、個性的なデザイン展開が広がる。

以上の状況の中で、昭和50年代に入って特に注目したいデザインは、1977年にソニー株式会社（以下、ソニー）より発売された13インチのカラーテレビ受像機KV-1375（図2-26）である。それまで樹脂成型のキャビネットは、樹脂の特性を活かしたラウンド形状が多用されていたが、この機種は矩形を基調としている。また、テレビ受像機のデザインには使用されることのなかったシルバーメタリック塗装が施されている。愛称の「サイテーション」はジェット機の名称を使用したとされ、担当デザイナーがコクピットに搭

図2－26
ソニー　KV-1375「サイテーション」
グッドデザイン賞1977（昭和52）年

図2－27
ソニー「プロフィール」
グッドデザイン賞
1980（昭和55）年

写真提供：©ソニー株式会社

載されているモニターにインスパイアされたことから名付けられたとされている。[66] そして、「サイテーション」のデザインの考え方をより大型画面の機種に展開して1980年にソニーより発売された「プロフィール」シリーズ（図2－27）は、ビデオ、文字多重放送など多彩なAV出力に対応したモニターとして16インチのKX-16HF1、21インチのKX-21HF1、27インチのKX-27HF1の三機種が展開されている。

グッドデザイン賞の選定数を見ると、テーブルタイプについては、1981年まで一桁であったものが1982年年の50件をピークに、その後も1983年年には38件、1984年年には25件と大量に選定されている。選定された機種については、表2－3より「プロフィール」に類似したモニタースタイルのデザインが多いことが確認できる。そして、テーブルタイプにおけるモニタースタイルへの変容と連動するようにセット台一体型の選定数は減少している。当時のテレビ受像機の新製品開発には1年前後の期間が必要であったことから、1982年のテーブルタイプの選定数増加は、「プロフィール」のデザインに影響を受けた各社の機種開発数の増加が要因のひとつであると考えられる。

5　テーブルタイプの変容

昭和50年代は、コンソールタイプからテーブルタイプにテレビ受像機の主流が移った期間であった。当初テーブルタイプはコンソールタイプの安価な簡易型として木目木質感を取り入れていたが、ポータブルタイプのデザイン基調を取り入れたソニー「プロフィール」がきっかけになって、テーブルタイプのデザインの主流が家具調デザインからモニタースタイルのデザインに変容していった。その背景には放送以外のメディアを映し出す装置としてのテレビ受像機の役割が創造されたことに起因すると見ることができる。

モニタースタイルの誕生

表２－５は、社史、書籍、資料におけるソニー「プロフィール」に関する記述を一覧にしたものである。モニタースタイルが誕生した経緯を資料より検証する。

ソニー「プロフィール」誕生の経緯は、ソニー社史である表２－５の③、④にあるように、経営幹部より「モニターテレビ」のコンセプトが「素テレビ」「裸テレビ」「セパレート」といった表現で出され、デザイン部門によって造形イメージが創られたことがわかる。これらの基となる初出の記述は、１９８２（昭和57）年にTHE CONRAN FUNDATIONのBoilerhouse Projectによって開催された展示会の図録『SONY DESIGN』である。盛田昭夫の自筆メモが写真で掲載されており、そこには「計画書は、将来のVideo Disc、…etc.まで飛躍しているが、それ以前にＴＶを各種サイズモニター　各種Tuner　各種Amp　各種Speakerと組合せとし、次第に、ＴＶをCompo化する方向へもって行ったら？ System Compoとして、特約店の意思でどの値段にもなし得る様にする」とある。このメモは、１９７８年12月25日のものである。表２－５の③では、大賀典雄が１９７８年７月頃に「モ

	出版年	書籍・資料	プロフィールに関する記述内容
①	1982 （昭和57）年	THE CONRAN FUNDATION Boilerhouse Project図録 『SONY DESIGN』p.40	Christmas Day, 1978, Akio Morita wrote a memo to his chief designer, Yasuo Kuroki. It showed how the evolutionary 計画書は、将来のVideo Disc、…etc.まで飛躍しているが、それ以前にTVを各種サイズモニター　各種Tuner　各種Amp　各種Speakerと組合せとし、次第に、TVをCompo化する方向へもって行ったら？　System Compoとして、特約店の意思でどの値段にもなし得る様にする。
②	1993 （平成５）年	朝日ソノラマ 『SONY DESIGN』 pp.116－117	TVを構成する諸要素をコンポーネント化し、マルチメディアに対応するものを、という盛田昭夫会長のメモ書きから企画開発が開始された。チューナー、スピーカーをTVと分離し、ブラウン管を独立させた革新的なスタイルは、コンシューマーにモニターという、新たな概念を定着させた（中略）木目のカバーキャビネットは失敗に終わった（中略）未来的な一脚スタンドは、プロフィールの重要なイメージリーダーとなった。
③	1994 （平成６）年	『Sony Product Philosophy』p.46	デザインサイドから企画推進した田村博之かこう振り返る。「'78年の７月頃、大賀さんから『モニターテレビ』という発想が出まして（中略）デザイナーの斉藤共永さんが27インチの原寸大ポスターを切り始めた。木枠の部分もコントロールの部分もスッパリ。で、これだよねと。そのとき『素テレビ』というもう１つの発想の原点が（中略）黒木さんも『裸テレビ』『セパレート』という発想を出してこられた」
④	1996 （平成８）年	『GENRYU 源流』p.343	盛田は自ら、今度はチューナーやスピーカーの付いていない「モニターテレビ」の発想をデザイン部門に持ちかけた。そして、木枠もコントロールの部分もすべて切り落とした「素テレビ」「裸テレビ」「セパレート」というアイデアがデザイナーたちの間から生まれ、形にされていったのである。
⑤	1996 （平成８）年	日本産業デザイン振興会 『時代を創ったグッドデザイン』p.62	文字多重放送、CATV、マルチメディア等、近い将来予測される新しい家庭用画像情報提供システムに対応するため、テレビ受像機の概念を越えた新たなメディア機器として開発された。モニターとしての表情やシステム性等、これらのコンセプトは今日においても継承されている。
⑥	2006 （平成18）年	日本インダストリアルデザイナー協会、美術出版社 『ニッポン・プロダクト――デザイナーの証言、50年！』p.100	大きなスペースを占拠する家具調テレビ全盛時、このシンプルなすっきりしたフォルムはインパクトがあった 必要な機能は後からつけ足す　テレビをコンポーネント化する発想 黒木は当時会長であった盛田昭夫と食事をした際、このアイデアを披露した。「盛田さんは大乗り気でした。テレビ自体を一つの『部品』ととらえ、『徐々にコンポーネント化する方向にもっていったら？』などといった意見書が後から届きました」
⑦	2010 （平成22）年	ソニー・マガジンズ 『Sony Chronicle 2010』p.107	1970年末には技術革新が格段に進み、音声多重放送や衛星放送、パソコンなどのニューメディアが登場する。こうした流れの中、あえてソニーがチャレンジしたのが、チューナーやスピーカーがついていない、モニタのみの“裸テレビ”という新しいカテゴリの発想だ

表2－5
ソニー「プロフィール」に関する記述

ニターテレビ」の発想を出したとされている。記述より、１９７８年後半にソニー経営幹部の発案により「プロフィール」のコンセプトが誕生したとするのが至当であろう。

１９８０（昭和55）年3月4日の『朝日新聞』広告では、「ブラウン管だけをお売りしたい、とソニーは考えました」のキャッチコピーがあり、説明文の中に「トリニトロンを「裸」にしました」とある。翌日5日の広告では、「変貌できればいつまでも新鮮だし飽きてしまうこともない」のキャッチコピーがあり、説明文の中に「木目調のラックだから、プロフィールのキャビネットも木目調」とある。ソニーも「プロフィール」の商品訴求において、木目木質感の必要性を認めていたと受け取れる。その翌日６日の広告では、「いろいろな機器と自由な組合せができたらとても便利だ」のキャッチコピーがあり、オーディオ、ビデオとのシステムアップをアピールしている。発売当初の新聞広告では、「プロフィール」誕生時のコンセプトワードが使用されており、新たなテーブルタイプとしてモニタースタイルを訴求しようとしている。（図２‐28～図２‐30）

松下電器のデザイン変遷

表２‐６は、松下電器における１９７５（昭和50）年から１９８４年までのテレビ受像機総合カタログの表紙と表紙に記載されている宣伝コピーを一覧にしたものである。

昭和50年代初めは、片袖タイプのセット台一体型が主流の機種として表紙を飾っているが、１９７９年には、両袖タイプのセット台一体型に替わっている。そして、１９８１年

図２－28
1980（S55）年3月4日『朝日新聞』広告

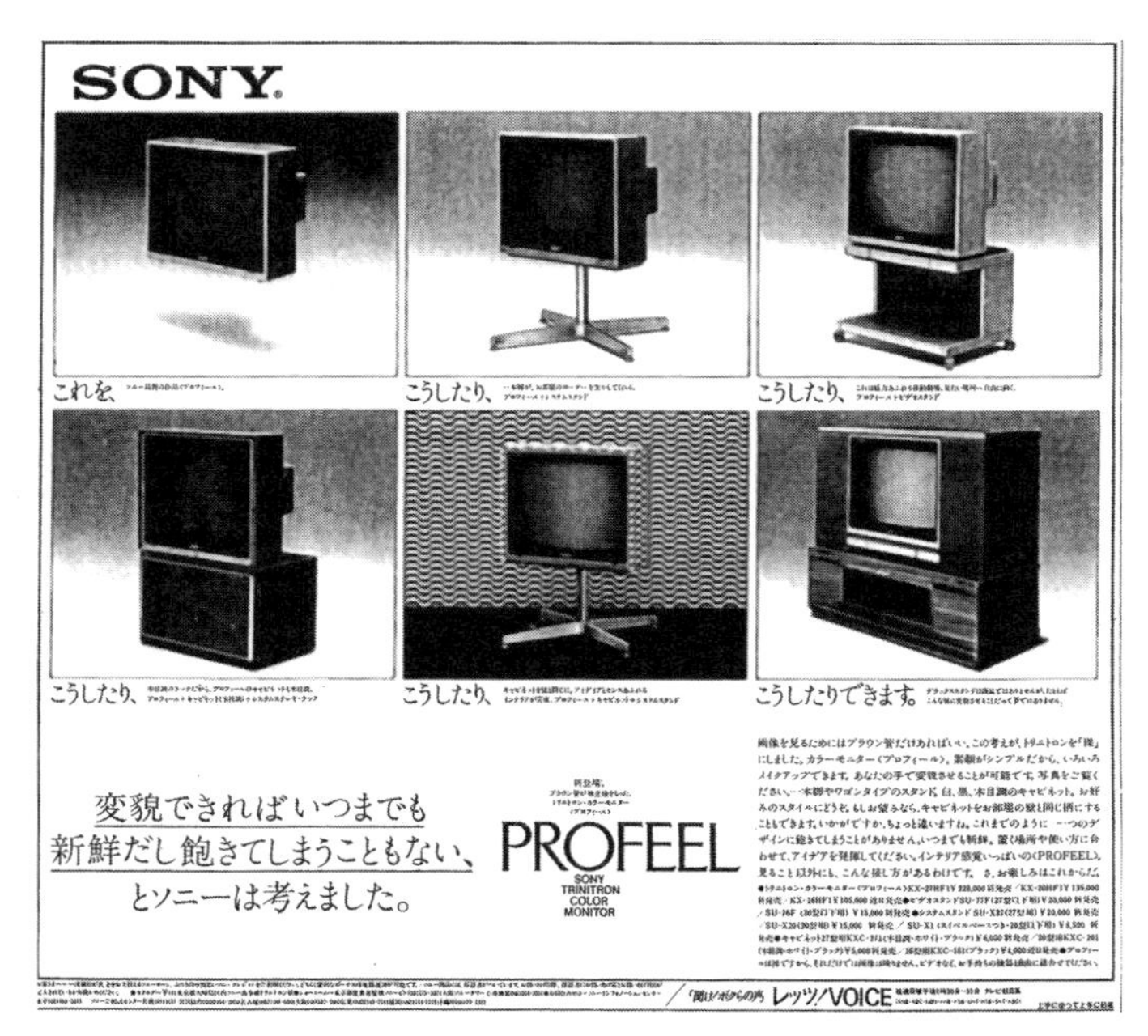

図２－29　1980（S55）年3月5日
『朝日新聞』広告

図２－30
1980（S55）年3月6日　『朝日新聞』広告

1975（S50）年11月	1976（S51）年5月	1977（S52）年3月	1978（S53）年4月	1979（S54）年2月

—	帰ってきた木の感覚	5型から26型まで充実したパナカラー、そしてホームビデオ・・・いい番組をいい映像でお楽しみください。	鮮やかに見る。いい音で聞く。	音声多重テレビも豊富。パナカラー、5型から26型まで多彩に勢揃い
1980（S55）年6月	1981（S56）年8月	1982（S57）年12月	1983（S58）年8月	1984（S59）年5月
				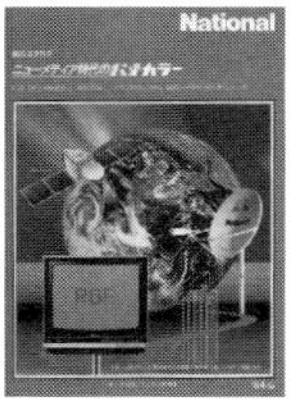
映像と音の織りなすAVライフの新しい世界、パナカラーのワイドセレクションから。	豊かな感性と確かな技術が暮らしを磨く、パナカラー'81ニューセレクション。	画面の向こうに明日が見える。次代に応えた新しいテレビ誕生。	見えてきた、映像新時代。明日の暮しを賑わすニューメディア対応パナカラー、新機種も加えさらに充実。	いよいよ衛星放送。本格的なニューメディア時代におくる。最新パナカラーフルラインナップ。

表２−６
松下電器テレビ受像機カタログ表紙の変遷

	コンソールタイプ	セット台一体型	テーブルタイプ	ポータブルタイプ
1975（昭和50）年11月	6	7	8	3
1976（昭和51）年５月	2	5	9	0
1977（昭和52）年３月	3	3	9	0
1978（昭和53）年４月	6	12	11	2
1979（昭和54）年２月	2	14	8	3
1980（昭和55）年６月	1	18	9	3
1981（昭和56）年８月	0	19	13	3
1982（昭和57）年12月	0	15	21	4
1983（昭和58）年８月	0	25	27	4
1984（昭和59）年５月	0	21	33	5

表２−７
松下電器テレビ受像機カタログに見るタイプ別機種数

以降は、モニタースタイルの「α（アルファ）」になる。

音声多重放送（ステレオ放送）が始まったのは1978年10月であり、これに合わせて豪華な両袖タイプのセット台一体型が、新たな家具調デザインとして主流の機種となる。モニタースタイルも同様に音声多重放送に対応する機種として現われ、次第に主流となっていったことが、カタログの表紙からも確認できる。モニタースタイルは、ビデオ、オーディオとのシステムアップをセット台、AVラック、AVファニチャと言われる設置台兼収納家具と合わせることを訴求したために、テレビ受像機自体に家具の要素を取り入れることの必然性が低下していったと推測できる。

松下電器における昭和50年代前半の家具調デザインを代表する機種として、1976年に発表された「Woodyシリーズ」がある。このシリーズは、木目塩ビシートの加工技術に加えてスチロール樹脂成形によるリアルな木質感表現を目指したものであった。カタログ記述では、「自然の材質が私達に与えてくれるやすらぎとおちつき、とくに木の質感を生活空間の中にとり入れていきたい。それが新しい住いの演出法です……重厚な木質感を……高級家具の美しさに……独自のキャビネット技術が、自然の木目を忠実に再現しました」と表現されている。本物の木目導管形状から金型を起こして成形したため、一見しただけでは本物の木との差を見分けることが難しいものであった。

表2－7は、表2－6の各カタログに掲載されている機種数をコンソールタイプ、テーブルタイプ（セット台一体型）、その他のテーブルタイプ、ポータブルタイプで集計したも

のである。プロジェクションタイプは含まず、キャビネット色展開機種は１機種と数えている。１９７６年5月と１９７７年3月のカタログは、カラーテレビ受像機の総合カタログのため白黒テレビ受像機のポータブルタイプは掲載されていない。タイプ別の機種数の推移は、表２－４のグッドデザイン賞選定数推移とほぼ同様の傾向を見ることができる。すなわち、松下電器においても昭和50年代には、家具調テレビに代表されるコンソールタイプがラインナップから姿を消し、家具調デザインはセット台一体型テーブルタイプになり、主流の機種はモニタースタイルのテーブルタイプに移行したことが機種数から明らかである。

木製キャビネットの減少

草創期よりテレビ受像機のキャビネットは、コンソールタイプ、テーブルタイプ共に木製であり、キャビネットの製造については、先行して製品化されていたラジオ受信機と共通のキャビネットメーカーによって製造されていたようである。図２－31、図２－32は、通商産業省調査統計部、『工業統計表品目編』（１９５３～１９８５）の、「ラジオ、テレビ、ステレオ用キャビネット」生産に関するデータをグラフにしたものである。テレビ受像機、ステレオの家具調デザインが主流となる時期と合わせて、キャビネット製造事業所数、製造出荷金額は伸びている。特に、昭和40年代になっての伸びは、家具調テレビが主流になったことによるものと見ることができる。昭和50年代になると家具調テレビは、次第に減少するが、替わってセット台一体型が主力となり、木製セット台の生産がキャビネット生産高を維持させるが、昭和50年代の後半になるとモニタースタイルが主流となったために生産高は減少していった。

昭和50年代になって製造出荷額が維持されているにも関わらず、事業所数が減少するのは、木目塩ビシートを利用した塩ビ化粧板のフォールディング加工が主流となり、大量生産を前提にした大手木工事業所に生産が集約されたためであろう。

昭和50年代は、昭和40年代に生まれた家具調テレビ、セット台一体型がカラーテレビ受像機のデザインとして展開された時期である。１９７８（昭和53）年に始まった音声多重放送（ステレオ放送）は、セット台一体型の家具調デザインを音の良いデザインに見せるために豪華な両袖タイプに変容させた。１９８０年6月の松下電器テレビ受像機カタログ表紙（表2-6）にある「魁」は、その代表的な機種のひとつと言えるだろう。

もう一方で、音声多重放送（ステレオ放送）は、良い音は外付けのスピーカーでシステムアップするとしたモニタースタイルのデザインを生むきっかけとなった。そして、モニタースタイルの出現を契機として、テレビ受像機自体を家具に見せるデザインは主流の機種においては減少する。しかし、モニタースタイルのテレビ受像機を中心にシステムアップされた機器類を設置、収納するために木目木質感表現されたＡＶファニチャが現れ、キャビネット製造出荷額の減少を抑えたと推測できる。

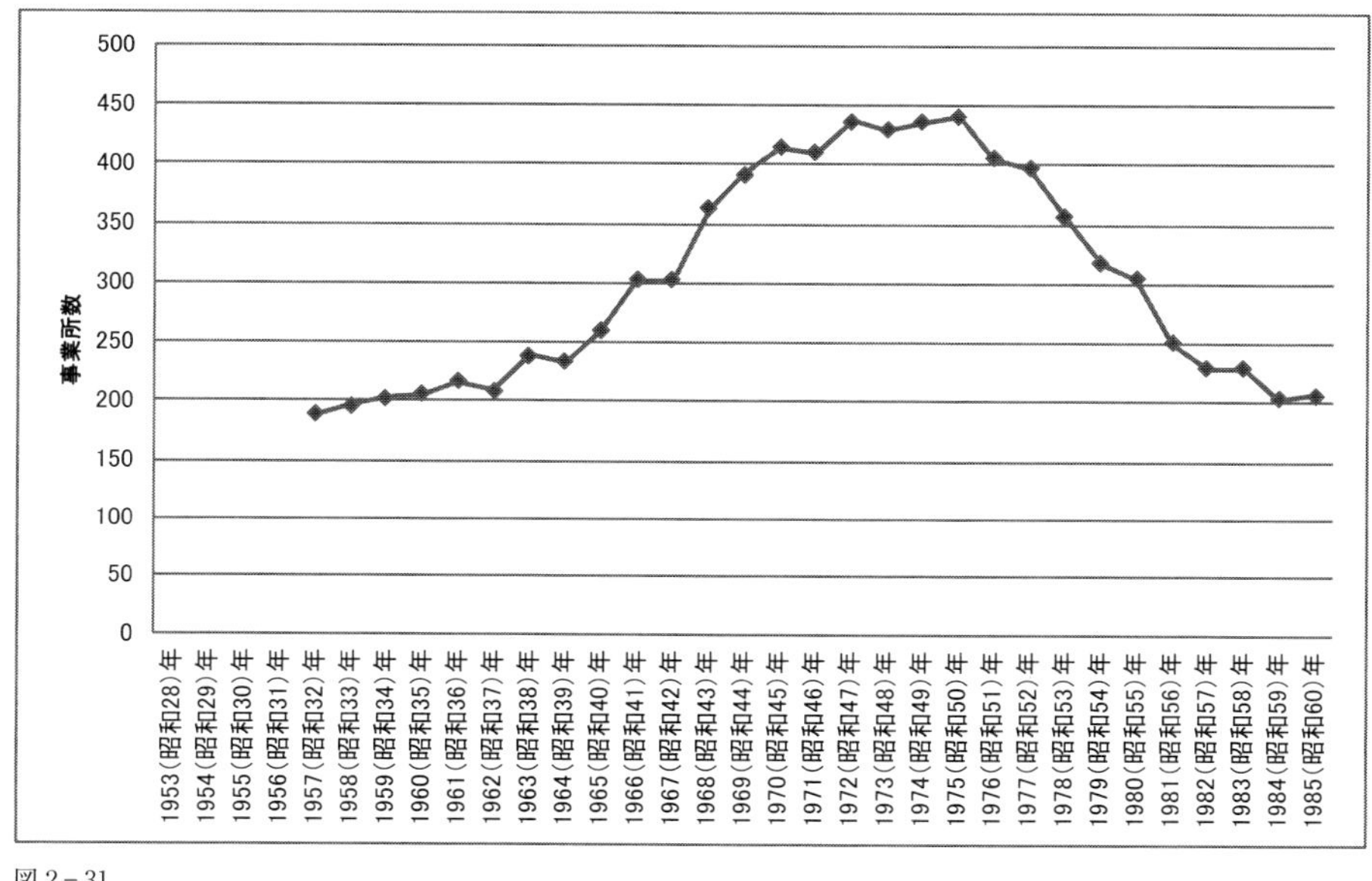

図２－31
ラジオ、テレビ、ステレオ用キャビネット製造事業所数

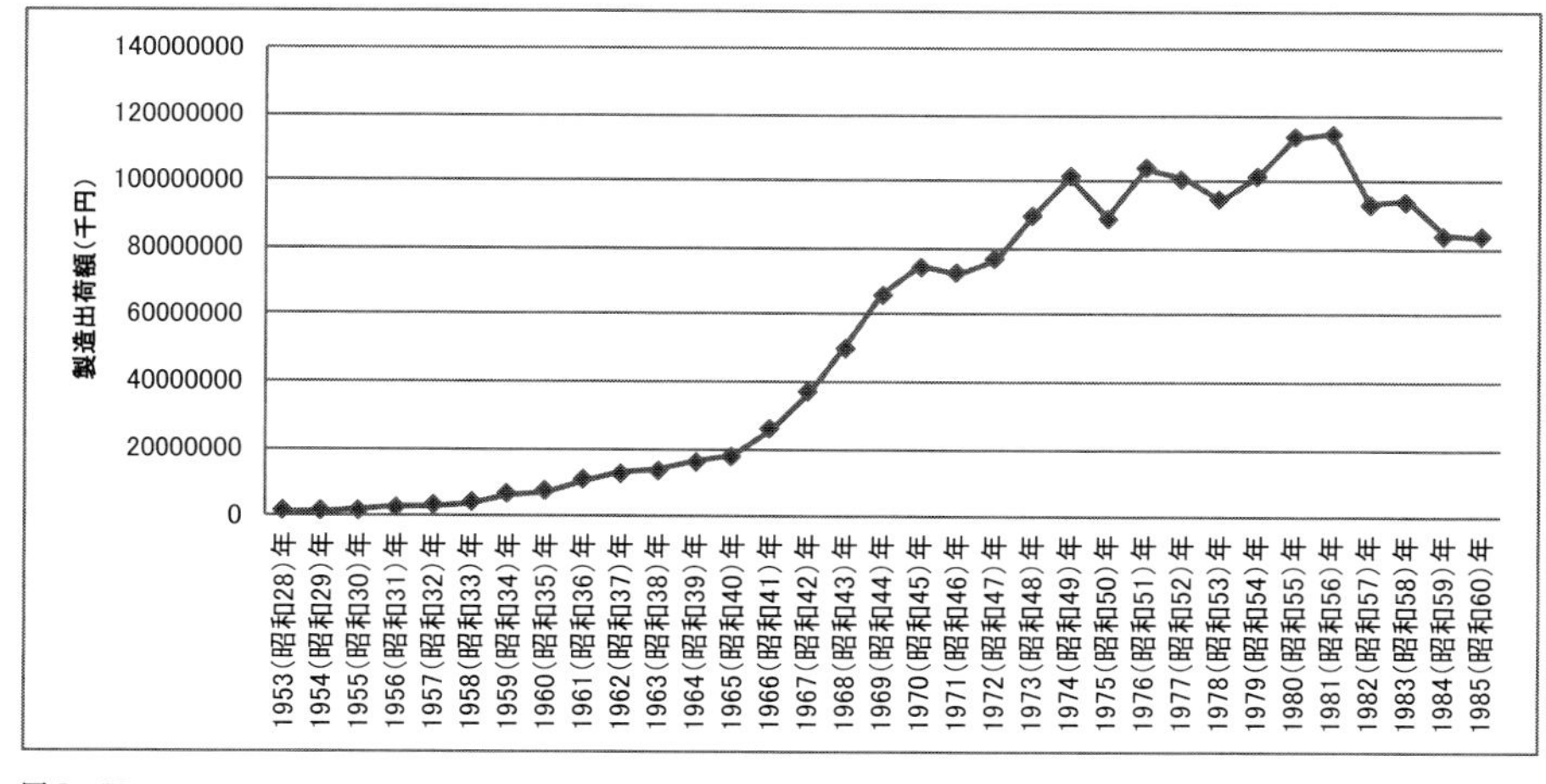

図２－32
ラジオ、テレビ、ステレオ用キャビネット製造出荷額

5　まとめ

本章では、昭和40年代を中心に50年代までを対象期間とし、日本におけるテレビ受像機のデザイン変遷について、文献調査を中心に考察した。この間は、白黒テレビ受像機の成熟期からカラーテレビ受像機の普及期にあたる。その内容について、以下のようにまとめることができる。

1　昭和40年代のテレビ

昭和40年代は、テレビ受像機の技術が進歩した時期であり、その第一がカラーテレビの製品化技術であった。機能、性能、品質を支える電気部品は、真空管からトランジスタ、ＩＣへと進歩し、技術力とコスト力によって日本製品は輸出競争力をつけていった。しかし、国内では、輸出製品との二重価格問題から消費者の値下げ要求が強くなり、低価格を実現することがデザインを変容させる要因となっていった。

2　家具調テレビの誕生

家具調テレビ以前の矩形キャビネットに４本の丸脚が付いたコンソールタイプは、米国製品の模倣の域を出ていなかったが、家具調テレビは、デーニッシュ・モダン・デザインに影響を受けたにも関わらず、米国製品の模倣ではない日本独自の造形によって表現された家具調デザインであった。家具調デザインは、昭和40年代前半の白黒テレビ受像機だけでなく、同時期のカラーテレビ受像機においても採用されており、普及機種であった白黒テレビ受像機のデザインが、中高級機種のカラーテレビ受像機でも採用されていることから、価格帯に合わせてデザインされたのではなく、受容の変化に合わせてデザインされていたことがわかる。

家具調テレビが日本的なイメージを強く持った要因のひとつである和風ネーミングは、白黒テレビ受像機では多くの機種で使用されているが、白黒テレビ受像機のローボーイタイプとカラーテレビ受像機ではカタカナのネーミングが多く使用されている。これは、欧米イメージと先進的イメージに和風ネーミングが合わなかったためと推測できる。

3　テーブルタイプのセット台一体型

カラーテレビ受像機の低価格化要求に応えて普及機種となったのがテーブルタイプである。しかし、コンソールタイプの家具調テレビに比較して高級感がないとされた。一方、テーブルタイプは、キャビネットメーカーの工場稼働率維持のために提案された木目キャビネットタイプのセット台に置かれて一体型に見せるデザインへと変容し、新たなセット台一体型の家具調デザインを生み出すきっかけとなった。

4 昭和50年代のテレビ

昭和50年代前半は、昭和40年代後半に生まれたセット台一体型がカラーテレビ受像機で主流となり、新たな付加価値を木質感表現と形態で表現している。昭和50年代中頃になると、音声多重放送の開始に伴いセット台一体型においても両袖タイプの豪華な家具調デザインが出現する。ほぼ同時期に画面だけのシンプルなモニタースタイルのテレビ受像機が放送を受信するだけでなく、オーディオ、ビデオとのシステム性を考えたスタイルとして現われ次第に主流となる。

昭和40年代から50年代は、テレビ受像機のデザインが家具調からモニタースタイルに変容し、テレビ受像機本体において木目木質感表現の使用が減少した時期である。しかし、モニタースタイルにおいてもAVファニチャと言われる設置兼収納家具が合わせて訴求されており、テレビ受像機を住空間に持ち込むために木目木質感表現を無くすことはできなかった。その理由としては、木目木質感表現に住空間での安らぎや落着きといった面を生活者が求めたからと考えることができる。

注・参考文献

46 『テレビ事業部門25年史資料』(松下電器産業株式会社、10頁、1978)によると、1965(昭和40)年は19・3%であるが、その後は20%以上のシェアを確保し、1974(昭和49)年には

31・3％のシェアを持っている。

47　引き出し付き小テーブルを意味する家具の形態名称が使用され、片袖または両袖にスピーカーが配置された背の低い横型キャビネットに脚が付いている。

48　『藤沢テレビ事業部20年のあゆみ』（松下電器産業株式会社、50頁、１９８３）。

49　『Television History—The First 75 Years』http://www.tvhistory.tv/index.html（2008.11）の海外製品カタログによる。

50　調査範囲は、１９５３（昭和28年）から１９７５（昭和50年）までの『毎日新聞』『朝日新聞』『讀賣新聞』東京版の広告による。

51　ポリ塩化系繊維で織られたネットは弾性回復性に優れており、水を吸収しないためスピーカーの全面ネットに使用されている。

52　第1章「4. 3. 形態の変容　（3）コンソレットタイプ」参照。

53　『Gマーク40年スーパーコレクション』（日本産業デザイン振興会、21頁、１９９６）では、「嵯峨」について、「このテレビは、高級家具の要素を取り入れ、格調高く仕上げている。このころからテレビが居間の中心的な存在としての風格を表現し始めた」とある。『テレビ　We are TV's children』（伊藤俊治、ＩＮＡＸ出版、１９８８）では、「『嵯峨』の成功にあやかったのだろう。これ以降、各社は和風を意識した家具調テレビを競いあうかのように市場に送りだす」とある。「家具調テレビの登場」『東京流行生活』（新田太郎、河出書房新社、１４３頁）でも、「嵯峨」について、「これまでのテレビにはないコンセプトであった……予想を上回りこのコンセプトが支持された」とある。

54 『機械統計年報　昭和39年』（通商産業省大臣官房調査統計部、日本機械工業会、１９６５）の生産在庫台数データによる。

55 １９６５（昭和40）年5月4日付『讀賣新聞』夕刊の「飛鳥」広告に「町春草書」の記述が確認できる。町春草は『墨の舞――書の現代を求めて――』（町春草、日本放送出版協会、１９９５）によると、１９２２（大正11）年東京・青山に生まれ、本名は和子、飯島春敬に師事している。

56 『大日本印刷１３０年史』（大日本印刷、３９２頁、２００７）。

57 木目に出る導管の孔を塗料や目止めで完全に埋めずに開いた状態に塗装仕上げする方法で、建具や家具に広く用いられる。

58 『TOPPAN 1985　凸版印刷株式会社史』（凸版印刷株式会社、５８１頁、１９８５）。

59 『凸版印刷株式会社百年史』（凸版印刷株式会社、１６０頁、２００１）。

60 『大日本印刷１３０年史』（大日本印刷、３９２頁、２００７）。

61 『テレビ事業部門25年史資料』（松下電器産業株式会社、46頁、１９７８）。

62 V字カット、またはU字カットを入れることで一枚の板を切断することなしに箱形態に組立加工する技術。

63 「嵯峨」については、パナソニックミュージアム松下幸之助歴史館（門真市）の展示品にて素材、工法を確認。

64 写真出典：『グッドデザインファインダー』http://www.g-mark.org/search/（2008.11）による。

65 『グッドデザイン賞の歴史』、http://www.g-mark.org/archive/history.html（2009.7）によると、１９５７（昭和32）年に設立された「グッドデザイン賞」制度は、その目的を「デザインを通じて生活の質的向上と産業の高度化を図ること」と要約できるとしている。昭和40年代の「輸出の振興」から昭和50年代の「より優れたものの訴求」となり、各時代の課題を受けて選定された製品デザインは、デザインの変遷を概観するに相応しい事例であると言えるだろう。

66 『SONY DESIGN HISTORY』、http://www.sony.co.jp/Fun/design/history/product/1970/kv-1375.html（2009.7）。

第3章　家具調テレビの誕生と展開

戦後、日本のテレビ受像機メーカー各社は、欧米先進諸国からの技術導入によって製品開発を再開したため、草創期における日本製品のデザインは、欧米製品からの影響を強く受けている。しかし、欧米製品を模倣するかたちで導入されたデザインも、普及期においては、日本の生活文化、住環境に適合する過程を経ている。テレビ受像機において昭和40年代に主流となった家具調テレビは、前章で明らかにしたように欧米製品の模倣から脱して日本独自の創造性から生まれた日本調のデザインと言える。

松下電器が１９６５（昭和40）年10月に発売した初代「嵯峨」は、家具調テレビとして例示されることが多い機種である[67]。そして、当時の世界的な家具デザインの潮流であったデーニッシュ・モダン・デザインの影響を受けているが、日本の伝統文化に根ざした造形でデザインされていると受け取られ、日本独自のデザインと見られている[68]。

本章では、家具調テレビのデザイン成立過程を明らかにすることを目的として、テレビ受像機「嵯峨」を取り上げる。「家具調」の呼称について使用の経緯を見ながら、「嵯峨」

のデザイン特徴と「嵯峨」シリーズのデザインについて詳細を調べた上で、家具調テレビのデザイン成立に果たした「嵯峨」の役割について考察する。

テレビ受像機は、草創期より住空間で使用する機器として受容しやすくするために、容積と設置方法が類似していた家具を形態の拠り所としていた。テレビ受像機の基本形態とその呼称は、業界として一般化しており、コンソールタイプとテーブルタイプから始まり、テーブルタイプは、4本の脚が付いたコンソレットタイプと小型化が進んでポータブルタイプへと分かれていった。コンソールタイプは、主として大画面大型キャビネットに採用され、家具の様式を取り入れながら展開し、ローボーイタイプを生んだ。

ここでは、家具の様式に強く影響されながら生まれ、テレビ受像機のデザインとして変容を遂げていったコンソールタイプ、コンソレットタイプ、ローボーイタイプについて調査し、家具調テレビ「嵯峨」と「嵯峨」シリーズを研究対象として、家具調テレビの誕生と展開について考察する。調査対象である各タイプについて、以下に特徴を記す。

(1) コンソールタイプ

縦型で画面の下にスピーカーが配置され、草創期の扉付き、床直置きから短い脚付きとなる。操作部は画面とスピーカーの間か画面の右側に配置されている。

(2) コンソレットタイプ

コンソレットとは、小さなコンソールという意味で、片袖または両袖にスピーカーが配置された横型テーブルタイプに着脱できる４本の丸脚が付いている。

(3) ローボーイタイプ

引き出し付小テーブルを意味する家具の形態名称が使用されており、片袖または両袖にスピーカーが配置された背の低い横型キャビネットに脚が付いている。

1　家具調と家具調テレビの呼称

「家具調」[69]は、辞書にない用語であることから一般用語とされていないことがわかる。辞書[70]によると、「家具」は「家に備えて、衣食住に役立たせる道具の総称」の意味であり、「調」は「表現されるものの形式、その範疇にはいる」ことを意味することから、「家具調」とは、「家具の形式を採用したもので家具の範疇に入る道具」とすることができる。家具調に製品名である「テレビ」を付けた「家具調テレビ」は、「家具の形式を採用したテレビ受像機」とすることができる。

以下、新聞記事、新聞広告、社史に記述されている家具調と家具調テレビの呼称について時系列に調査し、使用されていた意味について明らかにすることで、家具調の呼称が生まれた経緯について考察する。

新聞記事に見る家具調の記述

表3－1は、新聞記事調査[71]において家具調の記述が確認できたものを時系列にまとめたものである。

(1)「家具調」単独での使用

「家具調」を単独の用語として使用している記事は、以下のとおりである。

1966(昭和41)年5月23日付『讀賣新聞』(表3－1の①)

「奥さま商品学　ルームクーラー　10万円前後がふえる　デザインも家具調に」の記事タイトルに使用されているのが初出であり、家具調はデザインを表現する用語として使われている。記事内容からも、その製品が何故家具調であるかの記述が確認できる。

1968(昭和43)年12月4日付『讀賣新聞』(表3－1の②)

「人気を集める大型石油ストーブ　家具調(木目模様使い)やキャビネット入りなどが人気を呼び急激にブーム」の記事タイトルで、石油ストーブに木目模様を使っていることを家具調としている。

1970（昭和45）年8月25日付『讀賣新聞』（表3－1の③）
「日立がトランジスター掛け時計　ヨーロッパの家具調にデザイン」の記事タイトルで、掛け時計のデザインがヨーロッパの家具調であることをアピールしている。家電メーカーである日立製作所において、テレビ受像機以外の製品でも広報宣伝に家具調が使用されている記事である。

1973（昭和48）年8月5日付『朝日新聞』（表3－1の④）
「家具調の金庫はいかが」の記事タイトルで、金庫にまで家具調デザインが使用されていることが話題として取り上げられている。

1977（昭和52）年3月31日付『日経産業新聞』（表3－1の⑤）
「東陶機器　家具調の高級化粧台発売」の記事タイトルで、洗面化粧台が高級になったことを家具調で表現している。

1982（昭和57）年11月4日付『朝日新聞』（表3－1の⑭）
「一家団らん　こたつが似合う　高価な家具調ヒット」の記事タイトルで、家庭の団欒で使用される炬燵のデザインにおいても高価なイメージを持つ家具調が評価されて、話題となっていることを伝えている。

	発行年月日	新聞名	記事記述内容
①	1966（昭和41）年５月23日	讀賣新聞	奥さま商品学　ルームクーラー　10万円前後がふえる　デザインも家具調に
②	1968（昭和43）年12月４日	讀賣新聞	人気を集める大型石油ストーブ　家具調（木目模様使い）やキャビネット入りなどが人気を呼び急激にブーム
③	1970（昭和45）年８月25日	讀賣新聞	日立がトランジスター掛け時計　ヨーロッパの家具調にデザイン
④	1973（昭和48）年８月５日	朝日新聞	家具調の金庫はいかが
⑤	1977（昭和52）年３月31日	日経産業新聞	東陶機器　家具調の高級化粧台発売
⑥	1978（昭和53）年12月28日	日経流通新聞	家具調電気こたつを開発、家具店で売る小泉産業
⑦	1979（昭和54）年１月27日	日本経済新聞	家具調こたつ――ささやかでも豊かさ（はやってます）
⑧	1979（昭和54）年８月23日	日経産業新聞	三洋電機、電気冷暖房器18機種を９月５日から順次発売　家具調こたつの４機種が目新しい製品。
⑨	1980（昭和55）年６月17日	日経産業新聞	小泉産業、新型家具調電気こたつ「四季の集」６タイプ15機種発売　同社が家具調こたつに進出して４年目になる。
⑩	1980（昭和55）年９月11日	日経流通新聞	冬のエース、カーペット、家具調こたつ
⑪	1980（昭和55）年11月12日	日本経済新聞	家具調こたつ――形や使い方で暖かさ不足にも
⑫	1980（昭和55）年12月１日	日経流通新聞	売れ筋＝電機こたつ――家具調は出足から好調
⑬	1980（昭和55）年12月24日	日本経済新聞	寒波が熱気呼ぶ暖房器具商戦――家具調こたつ、電気カーペット好調
⑭	1982（昭和57）年11月４日	朝日新聞	一家団らん　こたつが似合う　高価な家具調ヒット
⑮	1983（昭和58）年１月27日	朝日新聞	家具調米びつも登場
⑯	1983（昭和58）年２月23日	朝日新聞	ひな壇にもなります（家具調ひな壇）ひな人形商戦

表３−１
新聞記事に見る家具調記述

以上の記事から、家具調という言葉は、商品性を高める高級なイメージとして使用されていることがわかる。

（2）「家具調＋製品名」での使用

「家具調＋製品名」として使用されている記事は、以下のとおりである。

1978（昭和53）年12月28日付『日経流通新聞』（表3－1の⑥）「家具調電気こたつを開発、家具店で売る小泉産業」の記事タイトルでの使用が初出であり、「家具調電気こたつ」が確認できる。

1979（昭和54）年1月27日付『日本経済新聞』（表3－1の⑦）「家具調こたつ――ささやかでも豊かさ」の記事タイトルがあり、その後1980年前後の新聞記事で、「家具調こたつ」が散見される。「家具調こたつ」については、小泉産業株式会社が1973（昭和48）年にインテリア性の高い座卓に暖房機能を付けた「四季の集い」シリーズを発売しており、その後、各社より同様の製品が発売され現在まで使用されている呼称である。[72]

1983（昭和58）年1月27日付『朝日新聞』（表3－1の⑮）
「家具調米びつも登場」の記事タイトルで、家具調デザインであること、家具調の呼称を付けることが一種のブームとなっていると推測できる。

1983（昭和58）年2月23日付『朝日新聞』（表3－1の⑯）
「ひな壇にもなります（家具調ひな壇）ひな人形商戦」の記事タイトルで、家具とひな壇の機能を合体させたものを家具調ひな壇と呼んでいることが確認できる。

以上より、家具調の記述は、家庭内における調度品として、高級であることをアピールするための用語として使用されていたことが確認できる。また、家具調であることが木目模様を使っていることであっても、和風、日本調であることとは必ずしも一致していなかったことがわかる。

今回の新聞記事調査では、テレビ受像機に関する家具調の記述は確認できなかった。家具調の記述がなかったことの理由としては、テレビ受像機においては、後述するように、既に広告において家具調であることが公知となっており、テレビ受像機は家具調であるとの一般認識から記事に成り難かったためと推測できる。

新聞広告に見る家具調の記述

本放送が始まった１９５３（昭和28）年以降のテレビ受像機の新聞広告記述に目を通すと、当初は、基本機能である放送受信に関する性能の高さ、品質の良さをアピールするものが目立つが、４本の丸脚付コンソレットタイプがでてくる時期に合わせて、設置方法、使い方の記述が多くなる。そして、１９６５年になるとデザインに関する記述が出てくると共に家具調の記述も確認できる。

１９６５年１月から「嵯峨」が発売された同年10月までの主たる広告記述について『朝日新聞』『毎日新聞』『讀賣新聞』で調べた。

(1) テレビ受像機の広告に見る家具調の記述

テレビ受像機の新聞広告における家具調記述の初出は、１９６５（昭和40）年４月25日付『朝日新聞』の松下電器ナショナル人口頭脳テレビ黄金シリーズの広告（図３－１）で、「すべて木製の家具調デザイン　落着いた色合いに、美しい木目を生かしました。キズがつかず、つややかな高級メカプライ仕上げのキャビネット。どこに置いても豪華です」の記述を見ることができる。松下電器社史『テレビ事業部門25年史』[73]によると、黄金シリーズは１９６５年４月より順次発売されていることから、この広告は、黄金シリーズの初期のものであり、家具調は、黄金シリーズの広告記述として発売当初より使用されていたことがわかる。しかし、図３－１の製品写真を見る限り、シリーズを構成する３機種（３９ＧＭ、

図3－1
松下電器 黄金シリーズ広告 『朝日新聞』、1965（昭和40）年４月25日
広告メッセージ
すべて木製の家具調デザイン
落着いた色合いに、美しい木目を生かしました。キズがつかず、つややかな高級メカプライ仕上げのキャビネット。どこに置いても豪華です。

図3－2
松下電器 黄金シリーズ広告 『毎日新聞』、1965（昭和40）年５月30日
広告メッセージ
木目のしぶさを生かし切った、落着いた高級家具で、どこに置いてもお部屋を豪華にかざります。

図3－3
松下電器「嵯峨」広告 『讀賣新聞』、1965（昭和40）年10月27日
広告メッセージ
暮しにとけこんだテレビを、静かに味わって頂くための、実現した黄金シリーズ“嵯峨”。話題のステレオ“飛鳥”・“宴”・“潮”などとともに日本美シリーズのもつ優雅さをお楽しみ下さい。
高級ウォールナット材の豪華さ
木の肌合いを生かしたウォールナットに、高級ツヤ消しオイル仕上げした純家具調デザインです。

96L、92S）に、それ以前の機種とのデザイン上の差異は確認できない。

また、家具調の呼称は、黄金シリーズ全ての機種に関して使用されており、高級機種のコンソールタイプのみに使用されている訳ではない。このことは、1965（昭和40）年5月30日付『毎日新聞』の松下電器黄金シリーズ、ゴールデンエース19形（91S1）の広告（図3-2）でも使用されていることから確認できる。この広告は、黄金シリーズを構成する一機種であるコンソレットタイプのゴールデンエース19形（91S1）のみの広告であるが、デザインに関して「美しい木製の家具調デザイン　木目のしぶさを生かし切った、落ち着いた高級家具調で、どこに置いてもお部屋を豪華にかざります」の記述が確認できる。

松下電器のテレビ受像機の広告において、家具調の呼称が使用されている対象機種のデザイン上の共通点は、木目キャビネットを使用していることぐらいであり、形態上の明確な既定はないようである。これは、家具調の呼称がデザインから発信されたのではなく、宣伝として使用され始めた用語であったためと推測できる。

松下電器以外の広告記述では、1965（昭和40）年5月2日付『朝日新聞』に、八欧電機株式会社（以下、八欧電機）が、グランド19Xライン（19-GP）コンソレットタイプ（図3-4の中央）の広告記述で「木目の美しさを生かしたポリッシュキャビネット。スピーカ部の金糸サラン。高級家具調を存分に生かしました」とあり、「高級家具調」を使用している。しかし、高級家具調の記述の前に「スピーカ部の金糸サラン」の記述がある

図３－４
八欧電機グランド19広告 『朝日新聞』、1965（昭和40）年５月２日
広告メッセージ
落着いた風格と音の迫力
木目の美しさを生かしたポリッシュキャビネット。スピーカ部の金糸サラン。高級家具調を存分に生かしました。2スピーカの立体交差音がグランド画面の迫力をいっそう盛上げます。

図３－５
日立製作所ステージルック広告 『朝日新聞』、1965（昭和41）年５月28日
広告メッセージ
日立独自のステージルック…欧米家具調の豪華なデザイン。

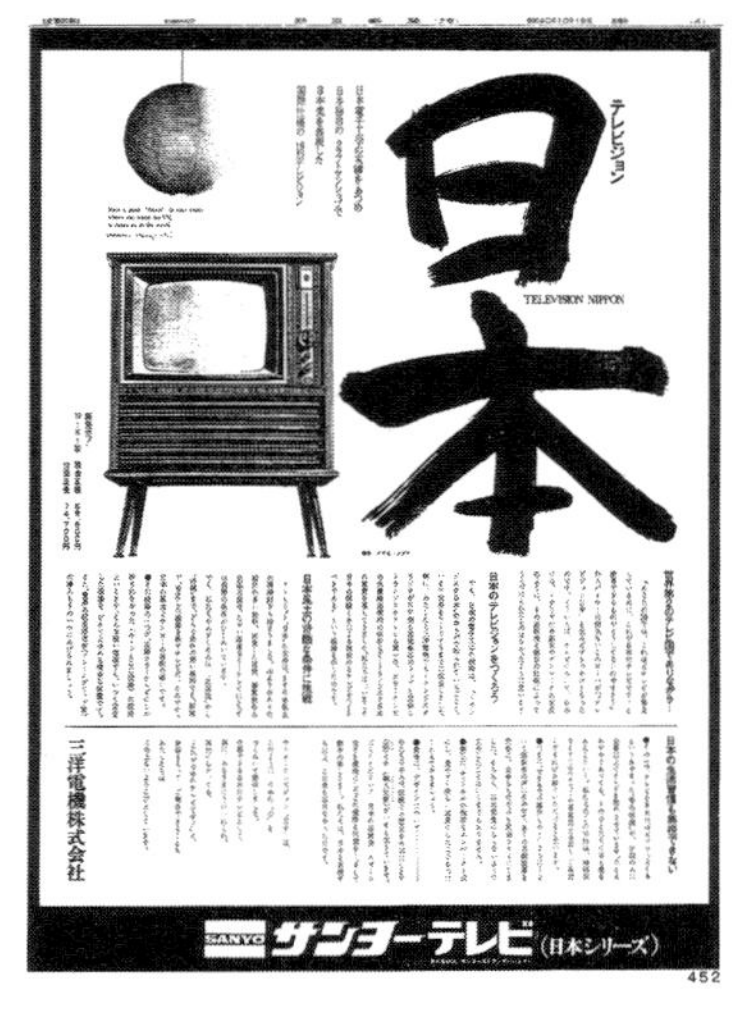

図3－6
三洋電機「日本」広告 『朝日新聞』、1965（昭和40）年10月18日
広告メッセージ
最後に、デザインについて――私たち日本人は、伝統とか歴史を大切にします
〈匠〉とか〈職人気質〉が今に生きています。ごらんください！日本の伝統美・あぜくら造りを基調にしたこの優雅と格調を…、そして銘木の美しさを…。私たちは、日本を表現する以上、この点も忘れなかったのです。

ことから、グランド19コンソール（19-CD）コンソールタイプ（図３－４の右）の説明であると取れる。広告記述時の混同であると認められることから、高級家具調は、グランド19コンソール（19-CD）のキャッチコピーにある「本格派のコンソール」のデザインを説明する用語として使用されていると取るべきであろう。

同時期の広告記述では、1965（昭和40）年5月28日付『朝日新聞』に、日立製作所株式会社（以下、日立製作所）が、ステージ・ルックカラー16（CTS-16S）ローボーイタイプ（図３－５）の広告記述で「日立独自のステージルック…欧米家具調の豪華なデザイン」とあり、「欧米家具調」の記述が確認できる。ローボーイタイプは日本的なものではなく、欧米家具の影響を受けて導入されたことが使用されている用語から理解できる。日立製作所は、1965（昭和40）年6月25日付『毎日新聞』のコンソール19（N30C）広告においても「木製キャビネットの豪華な家具調デザインです」の記述がある。

ほぼ同時期に、松下電器以外でも家具調の記述が新聞広告で使用されていることから、一般用語にはなっていなかったが、当時の業界で使用されていた用語であることがわかる。

「嵯峨」より9日前に新聞広告で発表された三洋電機の「日本」は、1965（昭和40）年10月18日付『朝日新聞』夕刊の一面広告（図３－６）でデザインについて説明している。「私たち日本人は、伝統とか歴史を大切にします〈匠〉とか〈職人気質〉がいまも生きています。ごらんください！　日本の伝統美・あぜくら造りを基調にしたこの優雅と格調を…、そして銘木の美しさを…。私たちは、日本を表現する以上、この点も忘れなかったのです」の記述があり、「嵯峨」と同様に日本調デザインであることが強調されているが、家具調の呼称は使われていない。

新聞広告における家具調の意味は、「高級家具調」「欧米家具調」の記述が使われていることから、新聞記事と同様に家具調であることが和風、日本調であることと必ずしも一致していなかったことがわかる。

(2) テレビ受像機以外の広告に見る家具調の記述

テレビ受像機以外の広告で家具調の記述が使われているのは、1965(昭和40)年11月1日付『毎日新聞』の松下電器冷蔵庫の広告で、「日本ではじめて、バラエティゆたかな家具調冷蔵庫のデビューです」の記述が確認でき、1965(昭和40)年12月18日付『毎日新聞』の広告(図3-7)では、「日本で初めて家具調冷蔵庫の登場です」がキャッチコピーとして使用されている。この冷蔵庫は、白を中心に11種類のデザインがあり、木目模様は、「みちのく(ウォールナット)」と「よしの(ローズウッド)」の2種類が用意され、和風ネーミングが使用されている。

1966(昭和41)年6月4日付『朝日新聞』の東芝扇風機の広告(図3-8)では、「ベースは木目模様の家具調。和室にも、洋室にもピッタリです」の記述がある。広告写真からは、この扇風機のベース(台座天面)に、木目模様のプラスチック化粧板が貼られていることが見てとれる。

松下電器の冷蔵庫の広告が「嵯峨」発売直後であることから、松下電器では、テレビ受像機以外でも宣伝戦略として家具調の記述が使われていた。「家具調＋製品名」としては、「家具調こたつ」に加えて、「東芝扇風機」の広告でも使用されていることから、テレビ受像機だけでなく、家電製品のデザインを表現する用語のひとつとして使用されていたことがわかる。

家電製品において、テレビ受像機だけでなく他の製品でも家具調デザインが注目されていたことは、1966（昭和41）年4月10日付『讀賣新聞』の日立電気釜ゆうげRD-550の広告（図3-9）からも確認できる。この広告では家具調の記述はないが、外装の製品仕上げについて「木目・金・赤の3色」の記述があり、広告の製品写真は木目であることから家具調デザインと言えるだろう。

(3) 広告記述に見る価値観表現の変化

新聞広告におけるテレビ受像機のデザイン表現として使用されている用語は、大きく3つに分類できる。第1の分類は価値観を表す用語で、一貫して豪華、高級、風格、重厚、貫禄といった高級感が表現されており、上品、気品、格調、優雅といった用語が加わってくる。第2の分類は形態、様式を表す用語で、調度品、DANISH MODERN、北欧調、伝統美、家具調が使用されている。第3の分類は素材、仕上げ、加工を表す用語で、木製、木目、メカプライ仕上げ、ポリエステル塗装、オイル仕上げといった技術的な用語から、

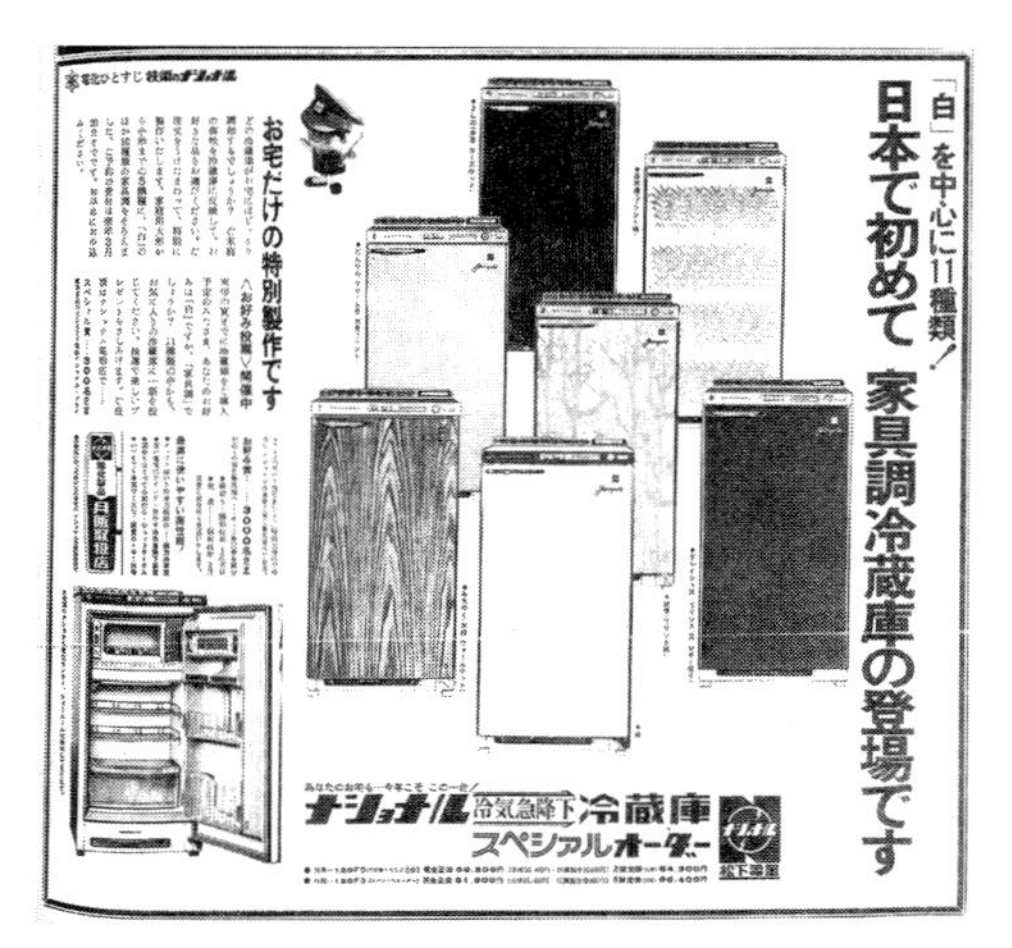

図３－７
松下電器冷蔵庫広告 『毎日新聞』、
1965（昭和40）年12月18日

図３－８
東芝扇風機広告 『朝日新聞』、1966（昭和41）年６月４日
広告メッセージ
外観もおしゃれになった！　カットグラスの気品を、ガードに、ボデーにデザイン！置くだけで涼しさがひろがるクリスタル・ムードです。ベースは木目模様の家具調。和室にも、洋室にもピッタリです。

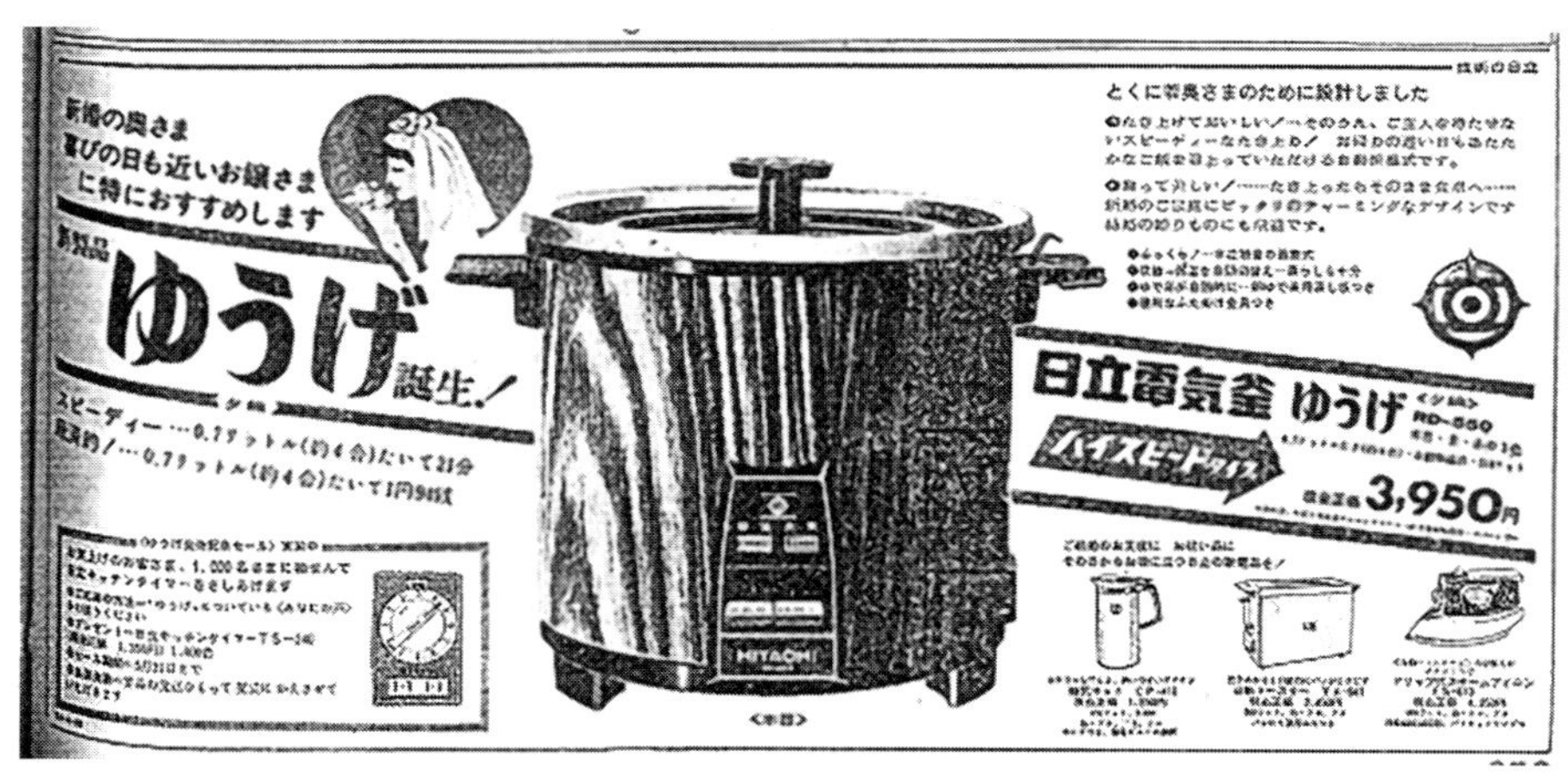

図３－９
日立電気釜ゆうげ広告 『讀賣新聞』、1966（昭和41）年４月10日

しぶさ、つややか、木の肌合いといった感覚的な用語が加わってくる。

1965年年は、テレビ受像機のデザインに対する価値観の表現が変化し、それに伴って求められる形態、素材が変化し、それを実現するためのデザイン表現の方法も変化した年であったことがわかる。時系列に見ると、広告におけるデザイン価値を表現する用語が先行して変化し、その価値観に応える形で製品が変化していったと言える。それらの製品の中で、初代「嵯峨」は46万台以上の生産実績（表3－5）があり、当時の販売数量（表3－3）から「嵯峨」の市場での占有率は高く、露出度も高かったことは容易に推測できる。「嵯峨」一機種が、他メーカーの機種に与えた影響は大きかったと言えるだろう。

新聞広告における家具調の出現度

1965（昭和40）年1月から1966年12月までの『朝日新聞』『毎日新聞』『讀賣新聞』におけるテレビ受像機の広告掲載量について、各社の広告　掲載回数を月毎にまとめ、広告の伝播力を知るために、広告面積を紙面段数に換算した。

当時の販売シェア上位4社（松下電器、東京芝浦電気、日立製作所、三洋電機）とその他で分けて、家具調テレビ、家具調テレビ以外のコンソールタイプとコンソレットタイプ、ポータブルタイプ、カラーテレビで集計した。ここでの家具調テレビとは、和風ネーミングの付いたコンソールタイプまたはローボーイタイプとした。

調査期間における松下電器の家具調テレビ、すなわち「嵯峨」の広告掲載件数と掲載段数は90回674段で、ほぼ同時期に「日本」を販売していた三洋電機の45回267段に比べると2倍以上の広告量である。東京芝浦電気については、家具調テレビへの市場参入が1966年10月の「王座」、11月の「とびら」と遅かったために10回135段となっている。日立製作所については、「欧州家具調」の用語を新聞広告において使用しており、ネーミングも「ステージルック」で、欧州のデザインであることを意識していることから、家具調テレビとしてはカウントしていない。その他のメーカーでは、八欧電機、早川電機、日本コロムビアも1966年後半には和風ネーミングの家具調テレビを発売しているが、広告掲載は全てを合わせても54回369段である。

新聞広告における松下電器の「嵯峨」の扱いは、掲載回数、紙面段数共に他メーカーよりも圧倒的に多いことがわかる。家具調の呼称が浸透したのは、「嵯峨」の広告量によるところが大きく、広告で使用された家具調の記述が後に家具調テレビの呼称を一般化した要因のひとつであると考えられる。

松下電器社史に見る家具調記述

新聞広告を見る限り、松下電器は家具調の呼称を他メーカーに比べて積極的に使用している。松下電器における使用状況について社史資料より紹介し、使用意図について考察する。

1953(昭和28)年11月発行の『創業三十五年史』では、戦前におけるテレビ受像機の開発状況から1953年に発売した1号機までの記述はあるが、家具調の記述は確認できなかった。

1964年5月発行の『テレビ事業部10年史』では、1964年3月までに発売された製品についての記述はあるが、家具調の記述はなかった。

1968年5月発行の『松下電器五十年の略史』では、「ヒット製品の集中的な発売」と題した章で、「家具調ステレオ〝飛鳥〟」「家具調テレビ〝嵯峨〟」「家具調冷蔵庫〝スペシァルオーダー〟」の記述が確認できた。[74] 当時の主力商品でインテリアの調度品として扱われていた製品の呼称を「家具調＋製品名」で表している。今回の文献調査では、これが確認できた「家具調テレビ」呼称の初出である。

1978年5月発行の『社史　松下電器　激動の十年　昭和43年〜昭和52年』では、1968年の主な製品の紹介で「カラーテレビ・19型ＴＫ１１００Ｄ」の製品説明があり、「高級家具調コンソールカラーテレビ」の記述が確認できた。[75]

1978年12月発行の『テレビ事業部門25年史』では、「人気を呼ぶ家具調テレビ」と題して、「松下は（昭和40年）10月、19形コンソール白黒テレビ〝嵯峨〟を発売、和風ネーミングと家具調デザイン時代の先鞭をつけた」とある。[76]

以上より、家具調の呼称は、テレビ受像機の宣伝広告の用語として使われ始めたが、家具調冷蔵庫の「スペシァルオーダー」の愛称からもわかるように、松下電器においても和風ネーミングと一体となった和風、日本調デザインを意味するものではなかった。社史における家具調の記述は、「嵯峨」以外でも使用されているが、「嵯峨」以前には使用されていないことがわかった。

2 「嵯峨」誕生とシリーズ展開

以下、「嵯峨」が誕生した市場背景について考察する。また、「嵯峨」のデザイン仕様を明確にし、前機種と比較することでデザインの特徴を明らかにする。

「嵯峨」を生んだ市場背景

白黒テレビ受像機の普及率は、1964(昭和39)年に非農家世帯で92・9%、全世帯で87・8%となっている(表3-2)。普及率より「嵯峨」が発売された1964年は、白黒テレビ受像機の新規需要は一巡し、買い替え、買い増しの時期に入っていたことがわかる。

カラー放送については、1960年9月1日、NHK、民放各社がカラー本放送を開始しているが、「嵯峨」が発売された1965年10月における1日のカラー放送は、NHKが3番組で50分、日本テレビが3番組で1時間15分、フジテレビが1番組で30分と、民放局の多い東京地区でも2時間35分しかない状況であった。[77] 1966年3月20日には、電電公社のカラーテレビ用マイクロ波回線の全国ネットワークが完成し、カラー放送番組の全国放送が可能となるが、カラーテレビ受像機の普及率は、非農家世帯においても0・4%であった(表3-2)。カラーテレビ受像機普及の遅れは、カラー放送時間が短かったことと、

19形白黒テレビ受像機の価格が7万円前後であったのに対してカラーテレビ受像機が20万円前後と高価であったことに主たる原因がある。そして、カラーテレビ受像機が普及しないことが魅力的な番組制作を妨げていた。この悪循環を断ち切ったのが輸出需要に応える大量生産による価格低下であった。カラーテレビ受像機の出荷台数は急激に伸び、相反して白黒テレビ受像機の出荷台数は1970年に下降に転じた（表3‐3）。1965年から1970年は、白黒からカラーへの転換期であり、この期間に「嵯峨」はシリーズ展開されている。

1965年は、前年の東京オリンピック需要の反動から、テレビ受像機の市場は低迷し、白黒テレビ受像機は台数で前年比83％、カラーテレビ受像機の伸び率も低下し、白黒テレビ受像機に対して台数で2・2％、金額で9％しかない状況であった（表3‐3より算出）。景気後退状況の中で、カラーテレビは需要を喚起する手段とならず、未だ大きな販売量と金額を持っていた白黒テレビ受像機で需要を喚起する手段を考えようとしたことは、メーカーの商品企画として当然であったと推測できる。需要を喚起するためには、生活者の購買意欲を高める必要があり、手段は二つある。ひとつは、購買意欲を刺激する価格帯にするために製品コストを下げることである。もうひとつは、新たな付加価値を付けることによって魅力度をアップさせて購買意欲を刺激することである。「嵯峨」の発売価格は73,800円であり、前機種TC‐39GMの価格が69,800円であったことから後者の手段が取られた。価格設定に関して社史では、「営業部は、全員高価格であると反対した」[78]とあり、

年別	非農家世帯		全世帯	
	白黒テレビ	カラーテレビ	白黒テレビ	カラーテレビ
1957（昭和32）年	7.8			
1958（昭和33）年	10.4			
1959（昭和34）年	23.6			
1960（昭和35）年	44.7			
1961（昭和36）年	62.5			
1962（昭和37）年	79.4			
1963（昭和38）年	88.7			
1964（昭和39）年	92.9		87.8	
1965（昭和40）年	95.0		90	
1966（昭和41）年	95.7	0.4		
1967（昭和42）年	97.3	2.2		
1968（昭和43）年	97.4	6.7	96.4	5.4
1969（昭和44）年	95.1	14.6		
1970（昭和45）年	90.1	30.4	90.2	26.3
1971（昭和46）年	82.2	47.1		
1972（昭和47）年	75.1	65.3		
1973（昭和48）年	65.5	77.9	65.4	75.8
1974（昭和49）年	56.2	87.3		
1975（昭和50）年	49.7	90.9	48.7	90.3
1976（昭和51）年	42.7	94.3		
1977（昭和52）年	39.1	95.5		
1978（昭和53）年	29.5	97.7	29.7	97.7
1979（昭和54）年	27.1	97.7	26.9	97.8
1980（昭和55）年		98.3		98.2

昭和32年、33年は経済企画庁「消費需要予測調査」、34～52年は同「消費需要予測調査」、53年以降は同「消費動向調査」資料による。

表3－2
テレビ受像機の普及率推移

年別	白黒テレビ受像機		カラーテレビ受像機	
	数量（台）	金額（千円）	数量（台）	金額（千円）
1957（昭和32）年	589,580	30,726,709		
1958（昭和33）年	1,217,199	55,807,588		
1959（昭和34）年	2,834,142	119,758,369		
1960（昭和35）年	3,559,741	141,016,942		
1961（昭和36）年	4,549,084	173,781,220		
1962（昭和37）年	4,750,640	183,678,380	5,639	1,041,210
1963（昭和38）年	4,883,803	181,484,074	5,090	944,978
1964（昭和39）年	5,095,196	187,701,661	53,365	7,589,903
1965（昭和40）年	4,226,134	144,509,569	95,782	12,989,744
1966（昭和41）年	5,014,489	165,617,000	493,304	58,581,000
1967（昭和42）年	5,515,598	174,751,000	1,240,067	130,914,000
1968（昭和43）年	6,419,590	180,620,000	2,738,592	279,472,000
1969（昭和44）年	7,033,490	184,659,000	4,768,442	486,388,000
1970（昭和45）年	6,227,771	146,947,000	5,781,303	599,285,000
1971（昭和46）年	5,610,415	116,556,000	7,466,042	678,295,000
1972（昭和47）年	4,670,592	93,592,000	8,259,020	721,840,000
1973（昭和48）年	3,745,384	72,137,000	8,588,249	697,819,000
1974（昭和49）年	3,591,733	77,279,000	7,023,156	588,472,000
1975（昭和50）年	3,286,079	70,218,000	7,765,133	596,180,000
1976（昭和51）年	4,543,401	94,400,000	10,311,538	741,307,000
1977（昭和52）年	4,657,701	96,373,000	9,459,139	698,496,000
1978（昭和53）年	4,619,596	93,652,000	8,723,436	633,465,000
1979（昭和54）年	4,039,524	74,823,000	9,303,749	663,839,000
1980（昭和55）年	4,172,645	78,090,000	10,829,069	737,681,000

日本機械工業会発行『機械統計年報』資料による。

表3－3
テレビ受像機生産高推移

それでも製品化されたことから市場を喚起する新製品への期待が大きかったことがわかる。

「嵯峨」と前機種とのデザイン仕様比較

「嵯峨」の発売時における販売価格は、前機種に比べると4、000円高いが、前機種と機能、性能は同じであり、付加された価値はデザインであると言える。前機種ＴＣ-３９ＧＭとデザイン仕様を比較することでその差異を明確にし、購買意欲に繋がる魅力となったデザイン要素について明らかにする。

表３-４は、「嵯峨」のデザインを引き継いで担当し、製品化を推進した木邑興一郎が当時作成した資料を基に社史、新聞広告記述と照合し、「嵯峨」については、大阪府門真市にある「パナソニックミュージアム松下幸之助歴史館」に展示している現物で仕様の確認をし、ＴＣ-３９ＧＭについては、当時のプラスチック化粧板技術と照合して作成したそれぞれのデザイン仕様書である。

(1) 形態の差異

製品開発におけるデザインの役割のひとつは、現行機種との差別化についてどのように考えるかである。現行機種を継承するか差別化を図るかは、開発される機種の機能、性能の革新によるところが大きいが、「嵯峨」の場合は、差別化することを前提にデザインされており、形態の差別化が重要なデザイン開発の目標となっていたと推測できる。

品番	TC-39GM　19形コンソール		品番	TC-96G　19形コンソール	
発売日	1965（昭和40）年4月		発売日	1965（昭和40）年10月	
発売価格	69,800円		発売価格	73,800円	
製品図	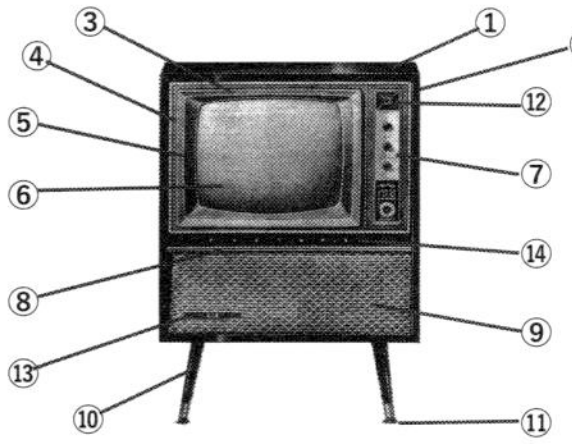		製品図	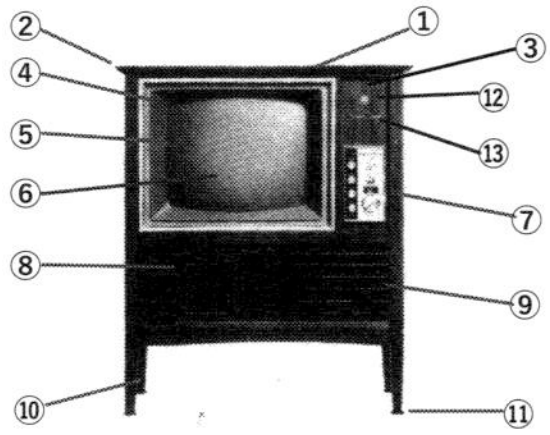	
①	キャビネット本体部	ポロエステル木目紙貼付化粧ベニア 木目紙：チタン紙 台板：ラワンベニア ポリエステル樹脂：2液性、フローコート法 キャビネットに組立後、コンパウンド、研磨、エマールバフ磨き仕上げ	①	キャビネット本体部	天然材、ウォールナット化粧合板 材料：ウォールナット化粧合板 台板：6tラワン合板　尿素系接着剤にて貼加工 塗装：ポリウレタン半光沢仕上げ
②	キャビネット 面縁部	エポキシシート（木目）貼付加工 木目板：チタン紙 台紙：フェノール樹脂板　0.8t	②	キャビネット 天板面額縁	ブナ材 ポリウレタン塗装
③	エスカッション部	ハイインパクトスチロール樹脂、インジェクション一体成型	③	前板	ウォールナット化粧合板
④	エスカッション周囲	アクリル、樹脂塗装	④	ガラス止め飾り桟	アルミ押出成形 アルマイト金色染色、電解研磨鏡面
⑤	マスク部	アルミ板金加工、アクリル樹脂、焼付けつや消し塗装	⑤	マスク本体	ハイインパクトスチロール樹脂 インジェクション成形 斜面部：アクリル樹脂系半光沢塗装、微量のアルミ粉混入、帯電防止用界面活性剤塗布
⑥	全面ガラス	焼入強化ガラス	⑥	全面ガラス	焼入強化ガラス
⑦	パネル本体	アルミ0.6t 99.85% 全体、アルマイト金色染色加工、周囲のみ電解研磨鏡面	⑦	パネル部	本体：ABS樹脂、真空蒸着、アクリル樹脂系塗料コーティング
⑧	スピーカー飾り桟	アルミ押出成形、アルマイト金色染色鏡面 溝：アクリル樹脂系塗料色入れ	⑧	スピーカー飾り桟	着色塩化ビニール、押出成形サッシ
⑨	スピーカーネット部	サラン、ビニロン交織、ジャガード織	⑨	スピーカーネット	サラン、ビニロン交織
⑩	脚	ブナ材、ひきもの、尿素アミン樹脂系塗料	⑩	脚	無垢ブナ材、ポリウレタン塗装
⑪	足冠	黄銅プレス加工、金メッキ	⑪	足座部	着色ポリプロピレン
⑫	バッチa	七宝焼	⑫	マークバッチ	七宝焼
⑬	バッチb	アルミコイニング加工、アルマイト金色染色、凹部塗装、凸部フキトリ、焼付塗装	⑬	飾りバッチ	スチロール系樹脂、インジェクション成形、凸部金色ホットスタンプ
⑭	文字	転写マーク 台板：ポリエステル化粧版上に転写、尿素アミン樹脂塗料にてコーティング			

表3-4
「嵯峨」と前機種とのデザイン仕様比較

デザイン仕様書の部品番号順に形態の差異について見ると以下のとおりである。

①キャビネット本体部

全体形状の印象に対して、もっとも影響を与えるのはキャビネット本体である。前機種が単純な矩形の箱型キャビネットであるのは、2章3節で明らかにしたように米国の4本の丸脚付コンソールタイプを手本として導入したためであるが、当時の日本における量産性を考慮したためでもあると察する。それに対して「嵯峨」は、キャビネットを構成する部品数が多く、複雑な形状をしている。

②キャビネット面縁部・面額縁

複雑なキャビネット構成によって実現した「嵯峨」の特徴として、天板がキャビネット側板面より張り出していることがある。これは、当時のデーニッシュ・モダン・デザイン家具の特徴のひとつでもあり、ひと目でわかるはっきりとした特徴として確認できる。

③エスカッション部[79]・前板

エスカッションは、「嵯峨」の構成部品としてはなくなり、ウォールナット化粧合板の③前板に⑤マスク本体と⑦パネル部を取り付ける構成になっている。製造組立工程上から考えると、構成部品を分割することは、部品点数が多くなるため、取付け工数が増え、大量生産機種には向かない。しかし、部品を分割することで、共用化しやすくなり、他の機種でもその部品を使用できる可能性が高まる。つまり「嵯峨」は、量産性よりも機種展開を考慮したデザインであることがわかる。

④エスカッション周囲・飾り桟

前機種のエスカッション周囲、「嵯峨」のマスク周囲共に装飾的な形状が採用されており、ディテールの形状に関しては大きな差異はない。

⑤マスク部

形状的な差異はない。

⑥全面ガラス

形状的な差異はない。

⑦パネル本体

前機種のパネル形状は、エスカッション形状に規制されており、選曲ダイヤルと操作ツマミは縦一列に並んでいる。「嵯峨」のパネル本体は、前板に単独で配置され、選曲ダイヤルと操作ツマミは二列に並んでいる。

⑧スピーカー飾り桟

前機種の飾り桟は、⑨のスピーカーネットの造形上の見切りの役割を果たしている。これに対して、「嵯峨」は、スピーカーネット全体を覆うように6本の横桟がある。スピーカー飾り桟も形状の特徴的な差異となっている。

⑨スピーカーネット部

前機種がサランとビニロンの交織によるジャガード織りを使用し、当時ステレオでも一般に使用されていたテクスチャーで平面的ではあるが、高級感を表現していた。これに対して、「嵯峨」のスピーカーネットは、⑧の飾り桟に隠れており、埃や異物混入を防ぐ役割を果たしているだけで形状としては目立たない存在である。

⑩脚

前機種がコンソレットタイプと同様の丸脚を短くしたもので本体キャビネットとの一体感がないのに対して、「嵯峨」は、キャビネットの四隅の柱形状がそのまま連続して脚部を形成している。製品では、輸送梱包上の問題からキャビネット本体と分かれているが[80]、視覚的には一体感を持ったデザインに見える。

⑪足冠・足座

前機種では、丸脚の形態の一部を構成しているが、「嵯峨」では、テレビ受像機を設置する時の高さ調整を行なう機能だけが重視され、形状としては目立たない存在である。

(2) 素材表現の差異

デザインの差別化手段として、形態と共に重要な要因が色彩を含む素材表現である。「嵯峨」と前機種について、デザイン仕様書の部品番号順に使用されている素材と加工、仕上げの違いについて見ると以下のとおりである。

①キャビネット本体部

前機種がチタン紙に木目印刷したポリエステル化粧板で、鏡面光沢仕上げによる豪華さを表現しているのに対して、「嵯峨」は天然木のウォールナットにポリウレタン塗装の半光沢仕上げの化粧版が使用されている。素材表現上でもっともわかりやすい「嵯峨」の特徴は、木目木質感の表面積が前機種よりも広いことである。

②キャビネット面縁部・面額縁

「嵯峨」の形態特徴である②天板額縁には、無垢のブナ材が使用されている。ブナ材は、無垢の天然木としては入手が容易であったことから、コンソレットタイプの丸脚でも使用されていたため、「嵯峨」においても多用されている。

③エスカッション部・前板

前機種では、樹脂成形のエスカッションであったが、「嵯峨」は、ウォールナットの化粧合板が前面にも前板として使用され、木目木質感の表面積を広くしている。

④エスカッション周囲・飾り桟

「嵯峨」の画面周囲は、金色に染色されたアルミの押出成型品で囲われており、前面ガラス板を止める役割も果たしている。豪華なイメージを持つ金色の飾り桟は、前機種と比較すると画面を引き立てる効果もあることがわかる。

⑤マスク部

素材表現上の差異はない。

⑥全面ガラス

素材表現上の差異はない。

⑦パネル本体

一見すると同様の表面仕上げであるが、「嵯峨」のパネル本体はＡＢＳ樹脂成形したものを真空蒸着することで金属感を出している。木邑へのヒアリングによると、コストダウンのための新たな技術導入であったようである。

⑧スピーカーグリル桟

「嵯峨」のスピーカーグリル桟は、天然木に見えるが木質の仕上げ色に合わせた塩化ビニールである。グリル桟は、コストと取付け加工上の問題から着色塩化ビニールの押出成型サッシが使用されたと推測できる。

⑨スピーカーネット部

前機種は、ネットが見えるためサランとビニロンのジャガード織であるが、「嵯峨」は、スピーカーグリル桟で見えないためジャガード織はされていない。

⑩脚部

「嵯峨」は、無垢のブナ材が使用されている。①キャビネット部がウォールナットの合板であるため、木目模様、木質感が合っていないところが逆に本物感となっている。

素材について、草創期のテレビ受像機キャビネットは天然木であったが、工業的大量生産に適していないことからメラミン化粧板、ポリエステル化粧板が使われていたのが前機種までの状況であった。これらのプラスチック化粧板は、表面が硬質光沢で高級感があることから、高価なテレビ受像機キャビネットの表面材料として適していると判断され、使用されていた。しかし、「嵯峨」は、その流れに逆行して天然木の木質感に拘っている。

以上の形態と素材表現より、「嵯峨」と前機種とのデザイン仕様上の特徴的な差異は、1.張り出した天板、2.スピーカーグリル桟、3.本体と一体感のある脚、4.天然木による木質感表現の４点であることがわかる。

「嵯峨」シリーズ展開

当初、黄金シリーズの一機種として開発、発売された「嵯峨」は、「嵯峨」シリーズとして、16機種が生産され、シリーズ累計生産台数は１、２８８、６５２台である。シリーズとしては、１９６５（昭和40）年10月から１９６９年４月の間に発売されている（表３－５）。

以下にシリーズを構成する機種についてまとめる。

(1) 初代「嵯峨」（Aタイプ）

初代「嵯峨」①ＴＣ-９６Ｇは、１９６５年４月より発売されていた黄金シリーズの一機種として開発、同年10月に発売され、一機種で４６７、０５８台生産されている。発売時の価格は７３、８００円であったが、１９６６年４月の物品税改定により価格は７２、５００円となる。当初より新聞広告（図３－５）では家具調デザインであることが記述されており、製品の背景にある障子越しに竹林が配置され、広告において日本調デザインが強調されていることが見てとれる。一時期「故障がない寿命が長い」（図3－10）がキャッチコピーとなるが、数ヵ月で家具調デザインの広告記述が再開され、１９６７年になると、「絶賛！家具調のベスト4」（図3－11）「テレビの家具調時代を独走する」（図3－12）のように、キャッチコピーとして家具調が使われるようになる。初代「嵯峨」の広告は１９６８（昭和43）年4月19日付『毎日新聞』（図3－13）にも掲載されていることから、少なくとも3年近く販売が継続された機種であることがわかる。同タイプのデザインは、②ＴＣ-９６Ｇａ、③ＴＣ-９６Ｎ、⑤ＴＣ-６７Ｋ、⑥ＴＣ-６７Ｋａ、⑧ＴＣ-９６Ｒ、⑫ＴＣ-２００Ｇ、⑬ＴＣ-２００ｕの8機種に展開され、累計生産台数は８９１、４３３台で「嵯峨」シリーズ全体の69％となる。

初代「嵯峨」は、１９６５年の通商産業省グッドデザイン賞に選定され、モダンなデザインとしても評価され、新聞広告でも選定マークが使用されている（図3－11、図3－12）。初代「嵯峨」の販売面での成功とデザインの評価が、各社のデザインの方向性に影響を与えたことは容易に想像することができる。また、宣伝においても和風ネーミングが注目され、以降、各社のテレビ受像機で和風ネーミングが使用されたことに影響を与えたと推測する。

（2）「嵯峨1000」（Bタイプ）

「嵯峨」2号機として、１９６６年4月に発売された④ＴＣ-９８Ｈは、初代と同じ19形

図3－10
松下電器「嵯峨」広告　『朝日新聞』、
1966（昭和41）年4月14日

図3－11
松下電器「嵯峨」シリーズ広告　『毎日新聞』、
1967（昭和42）年4月5日

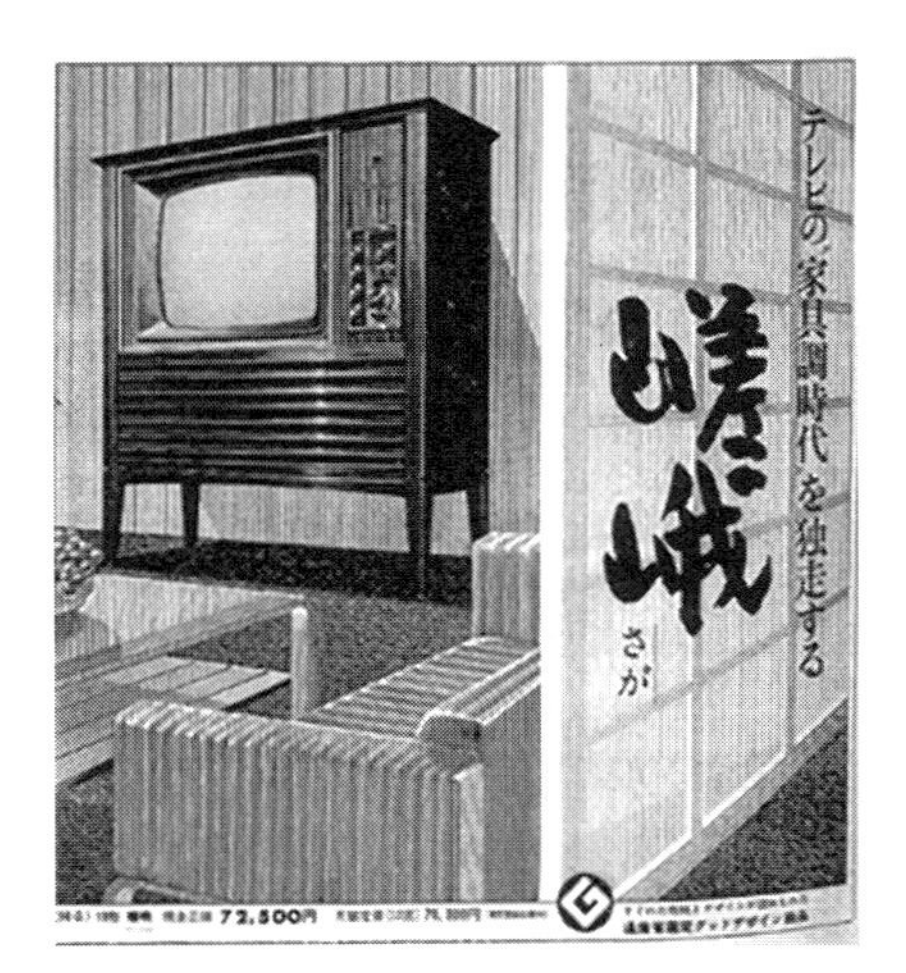

図3－12
松下電器「嵯峨」広告　『毎日新聞』、
1967（昭和42）年10月2日

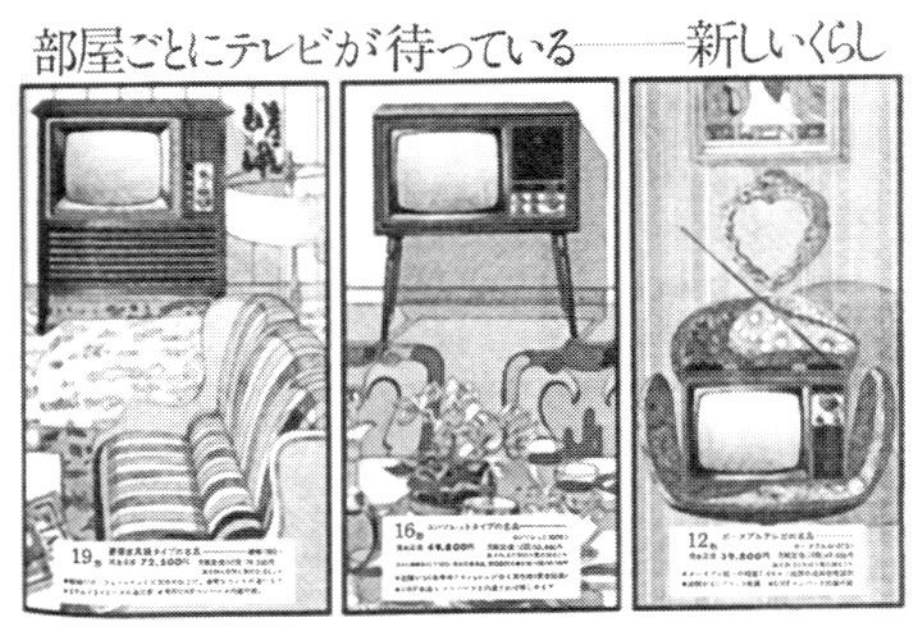

図3－13
松下電器　広告　『毎日新聞』、1968（昭和43）年4月19日

図３－14
松下電器「嵯峨1000」広告 『讀賣新聞』、1966（昭和41）年6月27日
広告メッセージ
さらに新しい〈重厚な風格〉です
左右に広がる高級ウォールナットの肌合い。直線が描く力強さ――にじみでる北欧タイプの落着きは、和室にも洋間にも向く豪華家具調の新方向を決める重厚なデザイン。

図３－15
松下電器「インテリア嵯峨」広告 『毎日新聞』、1969（昭和44）年4月29日
広告メッセージ
テレビの上をごらん下さい　今までにない　工夫があります。
花をいけたり、人形を飾ったり、日頃何げなく気をくばっているテレビの上…楽しいこのスペースを、皆さまご自身のセンスでもっと暮らしに生かして頂こうと、世界でも類のない、インテリアをデザインしました。飾りだなは、硬い鉛筆や熱湯にも美しさが傷つかない樹脂加工――お部屋を日々に新しくよみがえらせます。黒と銀を木目でつつんだ現代感覚あふれる仕上げ…今日すぐにでも、お店にお立ちよりのうえ、出来ばえをごらん下さい。

である。初代の発売から半年以内での発売であり、当時の製品開発期間から、初代の発売時点では既にデザインは決まっていたものと推測できる。

新聞広告記述（図３-14）では、「さらに新しい〈重厚な風格〉です」のキャッチコピーにデザインの説明として、「左右に広がる高級ウォールナットの肌合い。直線が描く力強さ――にじみでる北欧タイプの落ち着きは、和室にも洋間にも向く豪華家具調の新方向を決める重厚なデザイン」とあり、初代「嵯峨」の日本的な広告に対比させて北欧タイプであることをアピールしている。シリーズでありながら「嵯峨１０００」は、日本的なイメージを排除しようとしていたとも取れる。

基本形態は、左右シンメトリーで両袖タイプであるが、スピーカーは袖には配置されていない。初代「嵯峨」が簡素な造形であるのに比べて、キャビネットは大きくなり重厚感を表現したデザインである。そして、初代の特徴である天板の張り出しはなくなり、脚とキャビネット本体との一体感もなくなっている。2号機で、既に初代との差別化を意図したデザインである。同様の特徴を持つデザインは、⑦ＴＣ-７０Ｇ、17形がある。

意匠登録調査によると、「嵯峨１０００」は、１９６６年2月9日に出願されている意匠登録番号２９１９４８であり、創作者は橋本實と木邑興一郎である。橋本は初代「嵯峨」の創作者でもあるが、次期モデルにおいて初代とは異なるデザインを提案したことがわかる。

(3)「インテリア嵯峨」(Fタイプ)

1969(昭和44)年4月発売の⑯TC-200Auは20形で、愛称は「嵯峨」の前にインテリアを付けて、「テレビ受像機はインテリアのひとつである」というデザインコンセプトを表現している。

新聞広告の記述(図3-15)では、「室内装飾のポイント・「飾りだな」のあるテレビ」のキャッチコピーにデザインの説明として、「テレビのうえを　ごらんください　今までにない　工夫があります　花をいけたり、人形を飾ったり、日頃何げなく気をくばっているテレビの上…楽しいこのスペースを、皆さまご自身のセンスで　もっと暮しに生かして頂こうと、世界でも類のない、インテリアをデザインしました。飾りだなは、硬い鉛筆や熱湯にも美しさが傷つかない樹脂加工――お部屋を日々に新しくよみがえらせます。黒と銀を木目でつつんだ現代感覚あふれる仕上げ…」とあり、広告写真には花と置物が飾られている。

初代「嵯峨」発売から3年半後の発売となる「インテリア嵯峨」が開発されていた1968年は、既に生産販売金額でカラーテレビ受像機が白黒テレビ受像機を追い越し、白黒テレビ受像機の市場は衰退に向かっていたことから、白黒テレビ受像機を担当していた事業部にとっては、生き残りのために差別化が課題であったと見てとれる。

意匠登録調査によると、「インテリア嵯峨」は、1969年1月14日に出願されている意匠登録番号336198であり、筆頭創作者は小野紘之である。登録された創作者の中には、橋本實の名前もあることから初代「嵯峨」の開発経緯を知っているメンバーによってデザインされたことがわかる。

以下、「インテリア嵯峨」をデザインした小野紘之へのヒアリング内容を紹介する。

①真空管タイプの大型白黒テレビ受像機は、ポータブルタイプの小型トランジスタテレビ受像機とカラーテレビ受像機の間に挟まれて、魅力のないものになりつつあった。

②初代「嵯峨」のスタイルは、既にカラーテレビ受像機に受け継がれ、新たな白黒テレビ受像機としてのデザイン創出が迫られていた。

③天板の張り出したコンソールタイプは経営的には販売で貢献したが、他のアイデアもあるのではないかとの意見がデザイナーの中にはあった。

④デザイン部門には、テレビ受像機をインテリアの一部として捉え、置かれている空間との関係で見るという発想が生まれつつあった。すなわち、テレビ受像機と家具の関係、内装材とのコーディネート、テレビ受像機の周辺に置かれた小物類との関係であり、特に天板上に人形や置物が置かれていることに注目した。このことが、積極的に天板上を飾り棚としてイメージ化した造形になった。

⑤生活者の意識が徐々に変化し、人々の感性もシンプルなものへと移っていった。そこで、デザインの方向性として、直線的でシンプルなもの、無線機器群で使用されていたブラック&シルバーを取り込みたいと考えた。

	発売	機種名	画面	価格	生産台数	デザイン	タイプ
①	1965(昭和40)年10月	TC-96G	19形	72,500 1966年3月末まで 73,800	467,058		A
②	1965(昭和40)年10月	TC-96Ga	19形		200	TC-96Gと同じ	A
③	1965(昭和40)年10月	TC-96N	19形		72,894	TC-96Gと同じ	A
④	1966(昭和41)年4月	TC-98H	19形	69,900	106,430		B
⑤	1966(昭和41)年7月	TC-67K	16形	61,800	48,653		A
⑥	1966(昭和41)年7月	TC-67Ka	16形		83,408	TC-67Kと同じ	A
⑦	1966(昭和41)年10月	TC-70G	17形	66,500	13,184		B
⑧	1967(昭和42)年3月	TC-96R	19形	82,500	2,544		A
⑨	1967(昭和42)年6月	TC-100G	21形	77,000	26,636		C
⑩	1967(昭和42)年6月	TC-96W	19形	74,800	70,894		C
⑪	1967(昭和42)年7月	TC-99A	19形	82,000	956		D
⑫	1968(昭和43)年4月	TC-200G	20形	69,800	165,102		A
⑬	1968(昭和43)年9月	TC-200u	20形	78,500	51,574		A
⑭	1968(昭和43)年9月	TC-200W	20形	74,500	57,159		E
⑮	1969(昭和44)年1月	TC-200Wu	20形	78,500	13,016	TC-200Wと同じ	E
⑯	1969(昭和44)年4月	TC-200Au	20形	76,000	108,944		F
		計16機種			1,288,652		

表3-5
「嵯峨」シリーズ一覧

⑥初代「嵯峨」が、純和風のイメージとすれば、「インテリア嵯峨」は、新和風イメージと言えるだろう。

既に初代「嵯峨」の特徴が、カラーテレビ受像機に採用され家具調デザインとして一般化していたため、「インテリア嵯峨」では、カラーテレビ受像機と差別化するために初代「嵯峨」の特徴を採用しなかったとも言える。しかし、白黒テレビ受像機として独自性を出した「インテリア嵯峨」のデザインも翌年１９７０年８月に発売されたコンソールタイプのカラーテレビ受像機ＴＨ-３３００Ｆ（１５５、０００円）に採用され、以降のカラーテレビ受像機のデザインに受け継がれることとなる。

⑷　脚部変形機種

Ｃタイプは、１９６７年６月発売の⑨ＴＣ-１００Ｇ、21形と⑩ＴＣ-９６Ｗ、19形でＡタイプのデザインを踏襲しているが、脚はキャビネット本体の柱形状と一体化した部材となり、全体的に柔らかな曲面処理が細部に施されている。

Ｄタイプは、１９６７年７月発売の⑪ＴＣ-９９Ａ、19形で、初代「嵯峨」の特徴である天板の張り出しはあるが、脚部は特徴的な張り出した形状で本体との一体感がなくなり、Ｂタイプと同様の独立した形態である。

Ｅタイプは、１９６８年９月発売の⑭ＴＣ-２００Ｗ、20形で、脚部はＡタイプの直線的な形状とは異なり、段差がついて外側に張り出した形状である。

こうして「嵯峨」シリーズは、一貫したデザインではなかったことと、シリーズを通じて常に差別化を図ることで、白黒テレビ受像機にデザインで付加価値を与える役割を果たそうとしていたことがわかる。

3 まとめ

本章では、家具調テレビのデザイン成立過程を明らかにすることを目的として、テレビ受像機「嵯峨」に関して、文献調査とヒアリング調査を中心に考察した。その内容について、以下のようにまとめることができる。

1 家具調テレビの役割

昭和40年代前半は、日本における白黒テレビ受像機の成熟期にあたり、東京オリンピック需要の反動から低迷していた市場を喚起する役割を果たしたのが家具調テレビであった。この間に、テレビは放送番組も受像機も白黒からカラーに替わり、松下電器が「嵯峨」をシリーズ展開し販売した時期と重なる。「嵯峨」に代表される白黒の家具調テレビは、カラーテレビ受像機が普及するまでの中継ぎの役割を果たしたと言える。

２　家具調の呼称

家具調の呼称は、松下電器が１９６５（昭和40）年4月に発売した黄金シリーズの広告においてデザインを説明する用語として使用されたのが最初である。しかし、この時点の黄金シリーズは、それ以前の機種と比較してデザイン上の差異はなく、広告の記述として使われていただけであった。家具調デザインがテレビ受像機に採用される以前より家具調の記述がデザインを説明する用語として使用されていることから、家具調という表現が家具調テレビのデザインを誘発する要因のひとつになったとも考えられる。

３　和風、日本調イメージの形成

新聞記事、新聞広告の調査より、家具調の意味は、使用され始めた当初、和風、日本調と必ずしも一致するものではなく広い意味を持っていたことがわかった。

１９６５年10月に、黄金シリーズに追加された「嵯峨」は、それまでのコンソールタイプのデザインとは明らかな差異があった。家具調テレビの呼称とイメージ形成は、「嵯峨」の特徴的なデザインと和風ネーミングが大量に広告されたことによって一般化したと見ることができる。

４　「嵯峨」のデザイン特徴

「嵯峨」が家具調テレビの典型であるとの言説は、初代「嵯峨」についてである。前機種と比較することでわかる初代「嵯峨」のデザインの特徴は、キャビネット本体から張り出した天板、スピーカーグリル桟、キャビネット本体と一体感のある脚、天然木の木質感表現である。

5 「嵯峨」シリーズの意味

「嵯峨」シリーズは、常に新たなデザインを模索するシリーズとして、第二弾の「嵯峨1000」、シリーズ最後の「インテリア嵯峨」を発売している。両機種とも初代「嵯峨」のデザインの特徴を満たしている訳ではなく、あえて初代「嵯峨」の特徴を取り入れようとしていない面も見られる。「嵯峨」がシリーズ展開された期間の白黒テレビ受像機は、カラーテレビ受像機の普及によって存在価値が低下していたため、新たな価値付けをする手段として家具調デザインが創作されたと推測できる。

このように、「嵯峨」が家具調テレビの様式を成立させる契機となったことは確かであるが、「嵯峨」のデザイン創作の経緯についてはまだ十分な調査、考察はできていない。次章では、欧米デザインからの影響、デザイナー間の影響、ステレオ等家具調デザインの影響についても調査考察し、家具調テレビの成立経緯について創作者の視点から明らかにしたい。

注・参考文献

67　家具調テレビに関する先行文献としては、伊藤俊治編、井上章一著『家具調テレビの時代、テレビ　We are TV's children』（ＩＮＡＸ出版、１９８８）、新田太郎、田中裕二、小山周子『図説東京流行生活』（河出書房新社、２００３）が挙げられ、初代「嵯峨」の特徴が家具調テレビの特徴として記述されている。

68　上條昌宏編『松下のかたち』（株式会社アクシス、47頁、２０００）で「ダニッシュ・モダンに対する意識のほうが強かった」と述べているが、編者は「日本的なデザインに感じられる（中略）嵯峨が、アメリカ起源のデザインから脱却し、日本オリジナルデザインを打ち出した」と記述している。また、『Ｇマーク40年スーパーコレクション』（日本産業デザイン振興会、21頁、１９９６）で「高級家具の要素を取り入れ、格調高く仕上げている」ことが、評価されている。

69　国語辞書として最も収録語彙が多い小学館発行の『日本国語大辞典』で、「家具調」を見つけることはできないことから、一般用語とされてないことがわかる。

70　小学館国語辞典編集部編『日本国語大辞典』（小学館、２００６）。

71　調査範囲は、『朝日新聞』１９４５（昭和20）年から１９９９（平成11）年、『讀賣新聞』１９６１（昭和36）年～１９７０（昭和45）年、『日本経済新聞』、『日経産業新聞』、『日経流通新聞』１９７５（昭和50）年～１９８０（昭和55）年である。

72　小泉産業株式会社ホームページのコイズミ商品の歩みによるhttp://www.koizumi.co.jp/60th/nenpu/（調査アクセス日２００８年7月25日）。松下電器は、２００７年発売の高級漆調シリーズＤＫ-Ｒ１２ＡＤ1で、「家具調コタツ」の呼称を使用。

73　ポリエステル化粧板の松下電器での社内呼称である。

74　『松下電器五十年の略史』（松下電器産業株式会社、３４０頁、１９６８）。

75　『社史　松下電器　激動の十年　昭和43年〜昭和52年』（松下電器産業株式会社、１３６頁、１９７８）。

76　『テレビ事業部門25年史』（松下電器産業株式会社、73頁、１９７８）。

77　１９６５（昭和40）年10月1日『毎日新聞』テレビ番組表より。

78　『テレビ事業部門25年史』（松下電器産業株式会社、１０７頁、１９７８）。

79　エスカッション（Escutcheon）とは、もともと英国等で使われる「紋章」の楯型紋地のことで、現在では製品の取り付け部の基盤などの名称として広く使われている。テレビ受像機では、ブラウン管と操作部等を覆う樹脂成型品でできた前面の基盤を言う。

80　「嵯峨」のデザイナー橋本實へのヒアリングによると、初代「嵯峨」は、輸送中の破損回避のために脚部を分けているが、後に梱包技術の開発により一体化が可能になる。

第4章　家具調テレビのデザイン創出過程

日本におけるテレビ受像機の普及は、１９５９（昭和34）年４月の皇太子御成婚、１９６４年10月の東京オリンピックなど国民的イベント、テレビアニメ、プロ野球、大相撲、プロレス等、放送番組の充実によるところが大きい。しかし、それに加えてテレビ受像機の機能、性能、デザインの向上と低価格化により普及が高まっていった面も見逃すことはできない。昭和40年代になると、白黒テレビ受像機の普及は飽和状態になり、需要を喚起する手段としてデザインが活用されるようになる。この頃、主流となったのが家具調テレビで、家族団欒の中心にテレビ受像機がある光景を定着させた記憶に残るデザインであり、様式を成した家電製品のひとつと言える。

第３章では、広告記述で使用された「家具調」の表現が家具調テレビのデザインを誘発する要因のひとつとなったこと、家具調の意味は、当初、和風、日本調と必ずしも一致するものではなかったこと、松下電器が１９６５年10月に発売した「嵯峨」は、特徴的なデザインと和風ネーミングの大量広告により、家具調テレビの典型となったこと、「嵯峨」の特徴は、張り出した天板、スピーカーグリル桟、本体と一体感のある脚、天然木の木質感表現であったこと、そして、「嵯峨」シリーズは、初代「嵯峨」とは差別化された多様なデザインで展開されていたことを明らかにした。しかし、家具調テレビの様式を成立させる契機となった「嵯峨」のデザイン創出過程については十分な調査、考察はできていない。

本章では、家具調テレビのデザイン創出過程を明らかにすることを目的として、「嵯峨」のデザイン開発背景と経緯について創作者の視点で考察する。機能、性能だけでなく、デザインによって市場を喚起し、様式をつくった過程について知ることは、今後のデザイン開発において有用であると考える。

1　欧米の影響によるデザイン潮流

家具調テレビ「嵯峨」が開発された当時のデザイン潮流について紹介し、「嵯峨」に与えた影響について考察する。

戦後の日本製品は、工業生産力と技術力を背景に価格競争力を強め世界市場で優位に立ったが、デザインは欧米の模倣の域を出ず、１９５７（昭和32）年には通商産業省（現在の経済産業省）による輸出振興策の一環として模倣からの脱却が掲げられ、グッドデザイン賞が制定されている。昭和30年代から40年代の日本のデザイン界は、日本独自のデザインを模索した時期であったと言えるだろう。

1950年代の日本のデザイン界では、剣持勇らによって、日本の伝統文化に根ざし現在に通じるデザインの重要性が啓蒙されている。剣持は、1954年9月5日発行『工芸ニュース』第22巻第9号の「ジャパニーズ・モダーンか、ジャポニカ・スタイルか」と題した記事の中で、「ジャパニーズ・モダーン」を言葉として使い始めたのは自身であるとして、「日本の現代の生活と現代の工業なり手工の中から生まれてくる〝日本の優れたもの〟それを求めている。それはスウェーデンからの良質優良デザインがスウェディッシュ・モダーン・デザインと呼ばれるように、ジャパニーズ・モダーン・デザインとして呼称されるべきものだ」と述べている。北欧デザインを表面的に模倣しようとするのではなく、デザインの考え方、精神を学ぼうとした姿勢が窺える。

　日本における北欧デザインへの関心は、1958年2月5日発行『工芸ニュース』第26巻第2号の「日本の家具輸出とデンマーク家具」と題した記事からも見てとれる。ニューヨークで開催する日本製家具展示会の準備段階に、たまたま産業工芸試験所が招聘していた家具デザイナー、ジョージ・ネルソン[81]に意見を求めたところ、「どうも北欧風だ――too Scandinavian。本質的な突っ込みがない。構造的にも弱い」と批評され、北欧デザインに捉われ過ぎている状況から日本らしさ、日本の強みを活かすべきと助言されている。

　また、同時期に日本で開催された「デンマーク展」での家具について、「近代家具のゆき方である機能的で簡明な構成のうちに、北欧独得の典雅な曲線を取り入れた家具は、仔細に見るほどに感にたえぬものがあった。特に手工的に発達した各種の手法などに巧みに駆使され、それでいて、当然機械の工程にのっていると思われる精密な工作の跡を見て、驚きを増したのである」と評している。デンマークの家具が手工的な巧みを機械工程にのせているのに対して、「日本にこそあった指物技術の[82]〝たくみ〟の技は、いまなお、〝機械〟とはなれればなれになっている」と、製品開発における問題点が指摘され、海外に学ぶことで逆に日本の強みを見直す機会を得ることになる。

テレビ受像機の普及先進国であった米国では、効率優先の工業製品しか馴染みがなかったが、戦後になって家具を中心に北欧製品が紹介され、1950年代になって北欧デザインのブームが起きている。[83] 北欧家具の影響により、それまで短い4本の丸脚付き矩形キャビネットデザインが主流であったテレビ受像機は、1960年代になると家具様式を取り入れたデザインが主流になる。[84] そのひとつがデーニッシュ・モダン・デザインであった。図4-1～図4-8[85]は、1960年代前半の米国において、デーニッシュ・モダン・デザインの形態特徴を取り入れたテレビ受像機の例である。Magnavox（図4-2、図4-3）とWestinghouse（図4-6）は、両袖にスピーカーを配置しており、横に広がる左右対称の安定感で高級感を出している。Westinghouse（図4-5）は、画面の下部にスピーカーを配置した縦型コンソールタイプで米国では稀なタイプである。このタイプは、日本の家具調テレビの構成に最も似ているがスピーカーグリルの造形は異なる。米国各社が主流とした機種は、横型のローボーイタイプであった。デーニッシュ・モダン・デザインのテレビ受像機の特徴は、キャビネット本体から張り出した天板と本体から伸びた脚であるが、

図4-1 Motorola 1960

図4-2 Magnavox 1962

図4－3
Magnavox 1962

図4－4
Westinghouse 1963

図4－5
Westinghouse 1963

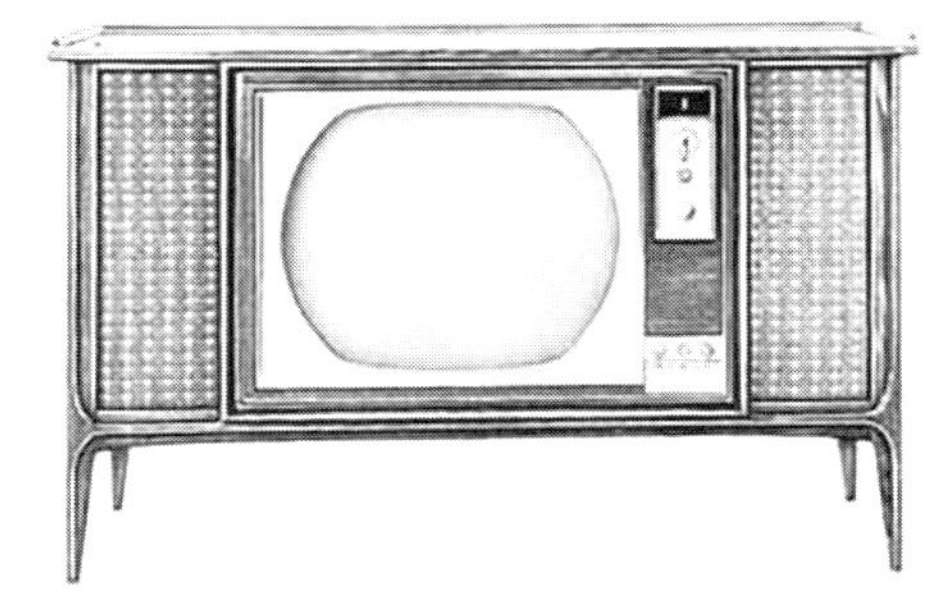

図4－6
Westinghouse 1963

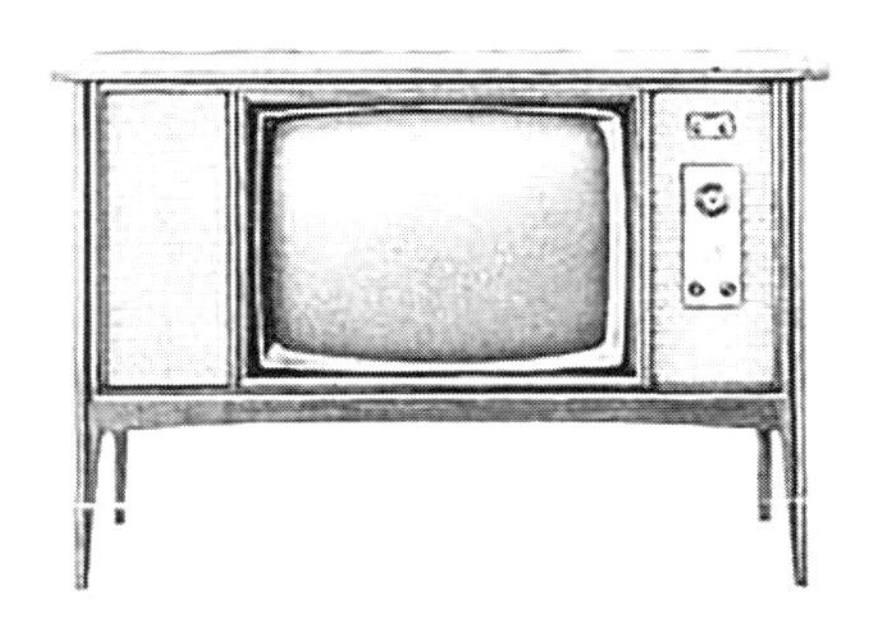

図4－7
Westinghouse 1963

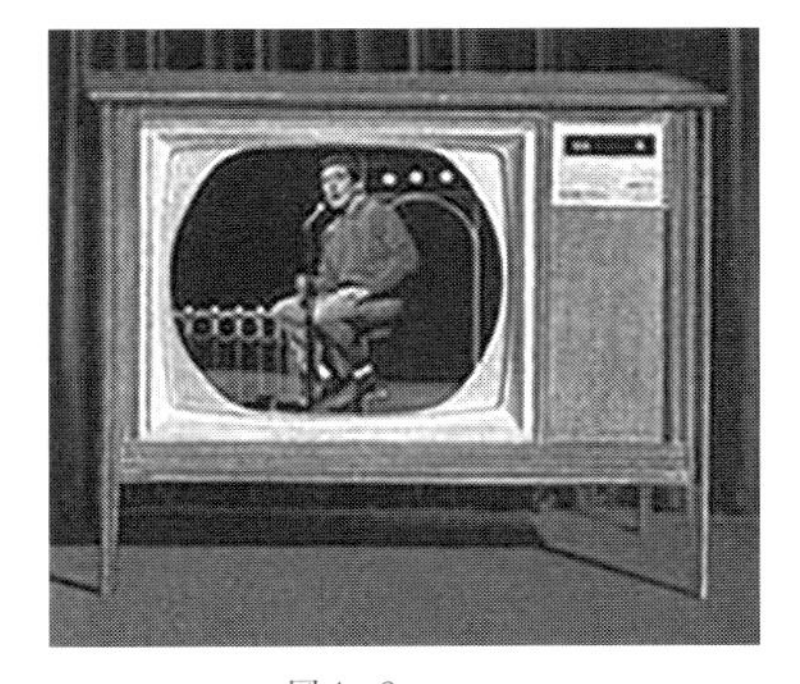

図4－8
Admiral 1965

デザインを見る限りバリエーションを生むことが容易であったと推測できる。

日本のテレビ受像機においては、新聞広告を見ると１９６５年になっても「北欧調」、「ディニッシュ・モダーン」、「純北欧タイプ」の言葉が、デザインを表現する広告コピーとして使用されており、[86]北欧デザインを意識することから抜け出せていないことがわかる。しかし、「嵯峨」については、縦型コンソールタイプで独自の形態特徴を持った家具調デザインであり、北欧の家具様式を取り入れた米国のテレビ受像機デザインを模倣しているようには見えない。米国のテレビ受像機は、大画面大型キャビネットの横型ローボーイタイプが主流であったが、日本では住空間のスペース利用効率から生活空間に合った縦型が主流となったことも要因であろう。テレビ受像機のデザインは、草創期こそ欧米機種の模倣であったが、「嵯峨」の開発された昭和40年代になると海外のデザイン情報を入手し、デザインの考え方、手法、プロセスを学ぶことで、日本独自のデザインによる形態特徴をつくり始めたと見ることができるだろう。

2 「嵯峨」開発の背景と経緯

テレビ受像機は、昭和40年代になると一般家庭にまで普及拡大し、デザインは、さらなる需要喚起とメーカー間競争のために製品差別化の手段として、価格、機能、性能と共に重要な役割を果たし始める。[87]

本章では、デザインで注目された機種のひとつである１９６５（昭和40）年10月発売の「嵯峨」を取り上げ、開発背景と開発環境について、松下電器のテレビ事業部門史資料とデザイン部門発行誌より考察する。社史は、自社優位の記述になりがちであるため、事実関係を検証しつつデザイン開発から製品化に至る経緯について明らかにしたい。

松下電器テレビ事業部門史より

１９７８（昭和53）年12月発行の『松下電器テレビ事業部門25年史』より、「嵯峨」開発の背景と開発の経緯に関する記述を紹介し、「嵯峨」のデザイン創出過程について考察する。

（1）「旧品川工場から白黒テレビを語る」

51頁から60頁の10頁に亘って、１９７８年7月12日に実施された座談会の記録がある。その中で、「嵯峨」開発に関わった担当者の発言が紹介されている。

座談会での発言者名と１９６４年当時の担当[88]は、以下のとおりである。

櫻井俊久（品川工場　工場長）
西馬重幸（品川工場　技術担当）
竹下康哉（テレビ事業部　営業担当）

発言の要点について整理すると、以下のとおりである。

①「嵯峨」のデザインを茨木工場でつくることになっていたが、目標価格でできないことがわかり、コンソールタイプの木製キャビネットを製造していた品川工場で生産することになった（櫻井）。

②当時ステレオで「宴」がヒットしており、デザイン基調としては似ていたが、テレビ受像機のデザインとしては冒険だった。当初は企画会議でも商品性が危険視され、7、000台程度を品川工場で生産することが計画された（西馬）。

③天然木のキャビネットを製品化するには、コストダウンが必要であった。今までのメカプライのキャビネット工場の担当者と共に突板工場を見学し、コストダウンの方策を見つけた。木工設備の投資を行い、天然木突板の内製化を実現した（櫻井）。

④最盛期には品川工場で月3万~4万台生産されたが、標準シャーシによる集中大量生産を目的として茨木工場に移管され、品川工場は輸出専門工場となった（櫻井）。

⑤当時のコンソールタイプは、39Gが69、800で、どんなコンソールでも7万円を越えることはなかったため、73、800円の正価についても、今までと違うデザインについても、営業をはじめとして内部抵抗があった(竹下)。

「嵯峨」は、当初、品川工場で生産されたが、その後、量産効果によるコストダウンを実現するために、茨木工場に生産移管されている。「嵯峨」は黄金シリーズを構成する機種のひとつとして企画され、共通部品を使用した標準シャーシにより設計されていたことから、工場間の生産移管は比較的容易であったと推察できる。

図４－９[89]は、松下電器のテレビ事業における事業部変遷と工場展開を示す。１９６３年12月にテレビ事業本部が発足した時より製品分野別に事業部が展開され、１９６４年３月より国内向け機種は、テレビ事業部茨木工場で大量生産体制に移行している。松下電器は工場展開により生産能力を高め、需要に応えられる数量を供給できる体制にあったことがわかる。これにより、宣伝広告で高まった「嵯峨」の需要に応えられたと推測できる。「嵯峨」は、関連会社の九州松下電器株式会社においても、増産対応のため１９６７年11月より生産されている。[90] ここでは大量生産大量供給の結果として、「嵯峨」のデザインは市場で認知される機会が多くなり、家具調テレビの典型となった面を見逃すことはできない。

キャビネットの木質感表現については、天然木突板をコストダウンすることで大量生産機種に採用したことが、家具調デザインの特徴を明確にしている。天然木質感表現の評価は、その後、安価な代用品の開発を促進することになり、エンボス加工によるリアルな木目導管表現を可能にした塩ビ化粧板開発を推し進めた。

座談会で吉永寿（座談会時、藤沢テレビ事業部製造部長）の発言として、「ある日突然新聞にＳ社が家具調のものを発表した。〝嵯峨〟と瓜二つ……情報がもれたのではないかと、ひどく叱られました」とある。新聞広告調査では、「嵯峨」の広告初出は１９６５年10月27日であるが、三洋電機「日本」の広告初出は、１９６５年10月18日であることから、上記の「Ｓ社の家具調のもの」とは、三洋電機「日本」であると推測できる。このことから、前節で述べた日本独自のデザインを模索していたのは松下電器だけではなく、デザイン潮

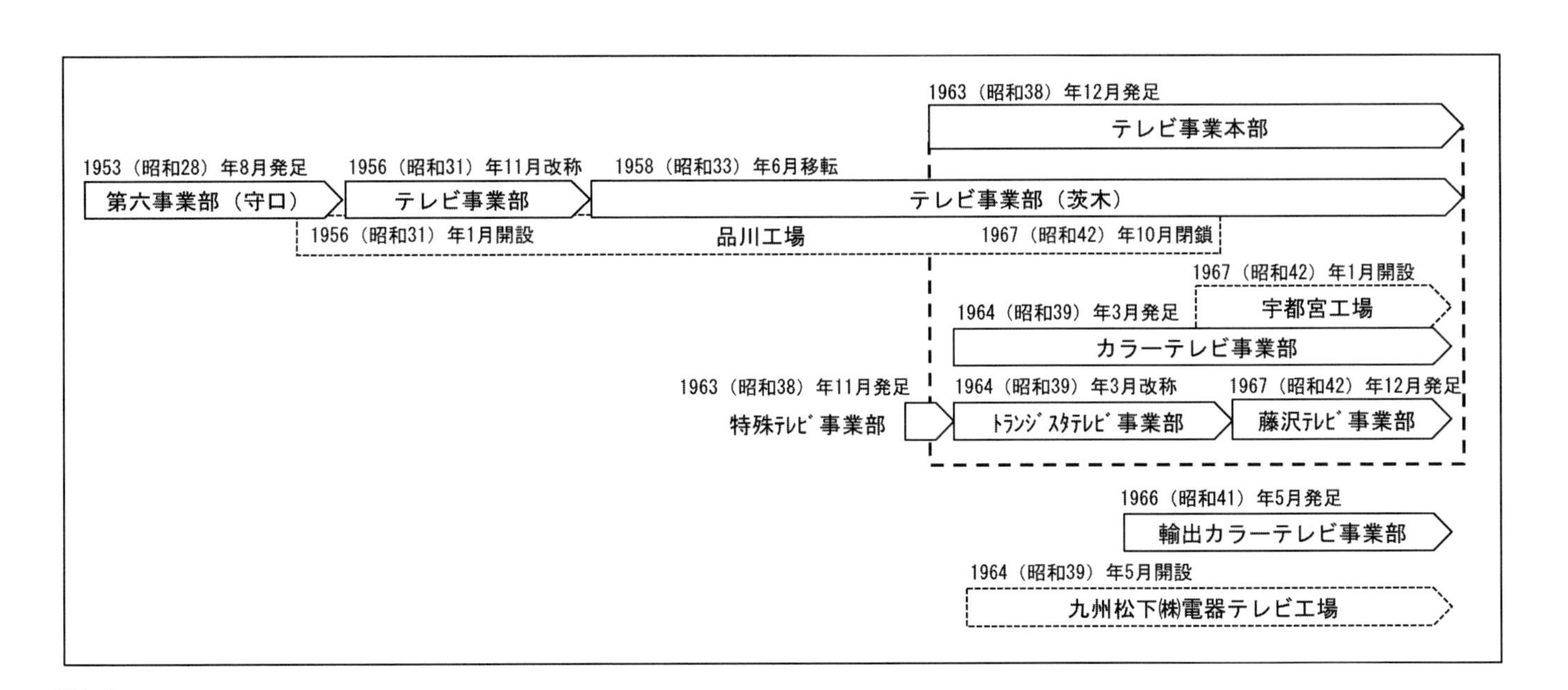

図4－9
松下電器テレビ事業部門の変遷

流のひとつであるとの認識が、三洋電機のデザイン開発現場にもあったことがわかる。

（2）「ゴールデンキャンペーンの展開」

87頁に、「嵯峨」が１９６５年４月より発売していた黄金シリーズの一機種として10月に発売されたとの記述がある。黄金シリーズは、「嵯峨」発売前から販売施策として展開されていた「ゴールデンキャンペーン」によって営業的な成功を収めていたようであり、「嵯峨」の発売に関して以下の記述がある。

「このキャンペーンの成功によって、10月には、黄金シリーズの決定版・嵯峨ＴＣ‐９６Ｇ……黄金回路のすぐれた性能と〝あぜくら造り〟をベースにした日本の伝統美を生かしたデザイン。加えて雅びとさびをこめたネーミングで、爆発的な売れゆきを示した」

販売キャンペーンの記述から、松下電器社内において校倉造りが、「嵯峨」の形態特徴を表す言葉となっていたことがわかる。校倉造りは、日本の伝統美を活かしたデザインのひとつとされるステレオ「飛鳥」でも使用されている言葉であるが、使用の経緯については本章４節で紹介する。

（3）「TC-96G《嵯峨》の開発とデザイン計画」

94頁から95頁に、「嵯峨」のデザイン担当者の一人である木邑興一郎の寄稿がある。その中で、時實隼太（当時、テレビ事業本部長）から１９６４年10月に「家庭の家具調度品としてのデザインを考える必要がある」との指示があったと記述されている。それに対してデザイン部門の取り組みとして、「家具調とはいったいどのような様式であるか。意匠課の久田課長は、馬場主任を中心にデザイナー一丸となって、時實本部長の指示を具体化すべく標準デザイン開発計画に取り組んだ。具体的な調査は、欧米諸国で販売されているテレビを中心に行い……当時、高級家具のイメージであったデンマークの北欧家具に代表される〈デーニッシュモダーン〉様式を導入することに決定した。日本伝統の〈簡素さの中に優雅さ〉を表現するデザインに最もふさわしい様式である。これを基本としてデザイン制作に着手した」と、「嵯峨」のデザイン開発についての記述がある。

　時實が、デザイン部門に対して指示した内容は、「家具調」と言えるデザインを創出することであった。開発時のデザインスケッチ（図4－10）を見ると、コンソールタイプ以外にもローボーイタイプ、コンソレットタイプがあり、これらに共通するデザインの特徴はコントロールパネルであることから、「嵯峨」は、コントロールパネルを共用することによる標準化シリーズの一機種として開発されたことがわかる。当初「嵯峨」は、日本的なデザインを狙いとして開発されたのではなく、家具調を狙いとすることが先にあったため、北欧デザインの様式を導入することに躊躇いはなく、結果として日本的に見られることを良しとしたと考えられる。

　最終決定モデル（図4－11）の写真より、脚部がキャビネット本体と一体であることが見てとれる。それに対して、製品（図4－12[91]）の写真からは脚部が本体とは部品が異なる

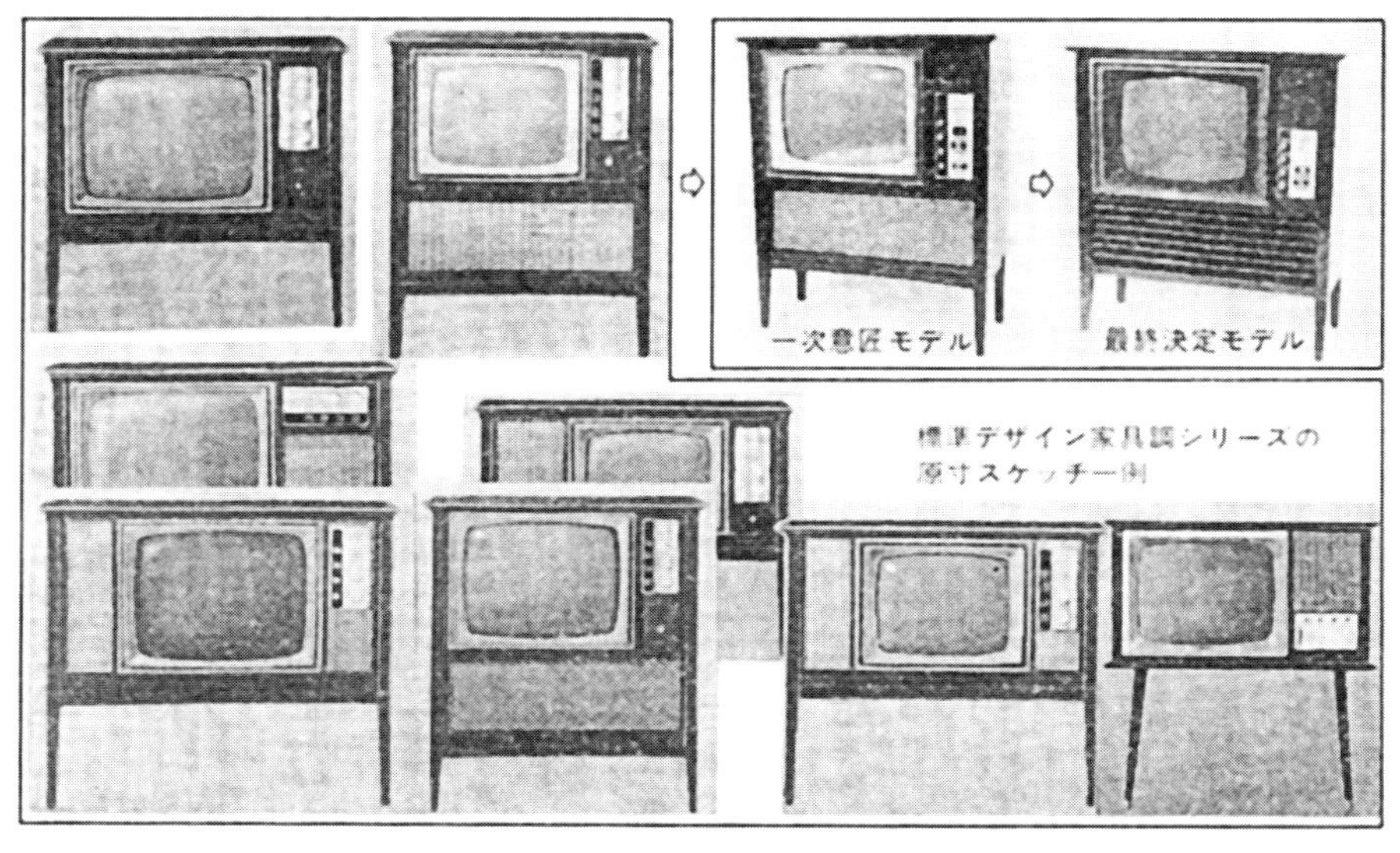

図４－10
「嵯峨」のデザインスケッチとモデル　『テレビ事業部門25年史』、1978（昭和53）年

図４－11
「嵯峨」デザインモデル　『テレビ事業部門25年史』、1978（昭和53）年

図４－12
「嵯峨」製品　『パナソニックミュージアム松下幸之助歴史館』、2008（平成20）年12月撮影

ことが確認できる。このことから、最終決定モデルは、確かにデザイン検討時のモデルであることがわかる。一次意匠モデルになかったスピーカーグリル桟が最終決定モデルで確認できることから、形態特徴のひとつとされるスピーカーグリル桟は、デザインの最終段階で加えられたことがわかる。

(4)「時實隼太回顧談」

107頁に、「嵯峨」開発当時、テレビ事業部門責任者であった時實隼太の寄稿がある。時實が「嵯峨」開発の推進をするきっかけとなった出来事として、以下の記述がある。
「相談役(松下幸之助)に呼ばれ、京都真々庵の応接間で待っていると、ふとテレビが置いてあるのに気づいた。たしかTF-37(16形コンソレットタイプの白黒テレビ受像機)というテレビだった。考えてみると相談役の部屋には似つかわしくなかった。何とかこのような立派な応接間に調和のとれるテレビがつくれないものかと思った。そこで立派な応接間に調和のとれる付加価値の高いテレビを作ることを決意した。帰社後、早速久田意匠部長にその話をして、本物の木材を使用したキャビネットを作ることを指示した」

ここでの指示は、(3)のデザイン部門に対する指示であると推測でき、天然木への拘りがテレビ事業部門責任者にあったことがわかる。当時のテレビ受像機キャビネットは、多くがプラスチック化粧板を使用しており、チタン紙または薄紙に印刷した木目にメラミン樹脂またはポリエステル樹脂で表面加工していたため、天然木の木目導管を表現した凹凸のある木目質感表現は不可能であった。「家具調」を表現する手段として天然木の使用が検討されたのは、付加価値の高いテレビ受像機をつくるためであり、天然木を使用した家具に近づけることであると考えたためであろう。

松下電器デザイン部門社内誌より

松下電器のデザイン組織は、１９５１（昭和26）年に当時千葉大学の工業意匠科で教職にあった真野善一を責任者として迎えスタートしたとされている。これは、同年に米国市場の視察を終えて帰国した松下幸之助が、「これからはデザインの時代だ」と言ったことから始まったとされ、松下電器デザイン部門史[92]によると、「アメリカ市民の生活に用いられているさまざまな生活機器が、当時の日本のそれとは比較にならないほどカラフルで、生き生きとデザインされ、生活を潤していることが、松下相談役に大きな印象を与え、社内にデザイン部門の設置を決意させた大きな動機であったと思われる」とある。部門設立の経緯からもわかるように、松下電器のデザイン活動は、海外のデザイン動向を注視して進められ、そのための情報収集が行われていた。真野善一を発行人として松下電器意匠部が１９６０年6月1日発刊した『NATIONAL DESIGN NEWS』は、松下電器デザイン部門にとって、デザイナーの交流と情報共有のためにあった。

以下、『NATIONAL DESIGN NEWS』から、当時の松下電器におけるデザイン開発状況、特に海外からの影響について紹介する。

（1）1963（昭和38）年2月1日発行『NATIONAL DESIGN NEWS』

欧州工業デザイン視察の報告で、当時電化事業本部意匠課副長の菊地禮は、「欧州の電気機器について」と題し、欧州デザインと比較して日本の家電製品デザインについて寄稿している。その中の「テレビ・ラジオ」についての記述を紹介する。

「テレビやラジオの木材の自然さを生かしたデザインをみると、むしろ日本にこそ木材が豊かであり、手先が器用であるから、そのようなデザインのものがあってしかるべきと思うが、日本人はそれを好まない。量産の面から考えると、木材よりもプラスチックの方が有利であることは明らかだが、使い側からみれば家具のようなテレビ、ラジオがもっと好まれても良いのではないかと思う。それが日本ではごく一部にしかうけないのである……メーカーの量産による大量販売、ひいてはモデルチェンジの犠牲になっていると考えても良いと思う。このような日本の実情とは比較にならないくらい、欧州のテレビ・ラジオは、にくらしいまでに静かで気品があるが、色調はいづれも木材（チーク、ウォールナット材）の自然の色を使っており、プラスチックや金属で、ゴテゴテ飾りたてているものは全くない」

「嵯峨」発売の3年近く前の記事であるが、既に、欧州デザインを手本としつつも日本の強みを活かしたデザインをすべきであるとしており、「家具のようなテレビ」という表現を使用していることから、当時のデザイナーに家具を意識する姿勢があったことがわかる。

（2）1963（昭和38）年6月1日発行『NATIONAL DESIGN NEWS』

この号では、巻頭に若手デザイナーによる座談会の様子が掲載されている。座談会のテーマは「国産品と舶来品」で、日本のデザインはどうあるべきかが海外製品のデザインと比較して議論されている。そして、「グッド・ライバル」と題して、新たな連載が始まっている。海外製品がデザインのライバルとして紹介されており、連載開始にあたっての記述では、「自由化の波にのって、海外の製品が、今後どっと押しよせてくるでしょう。これらのなかから、グッド・ライバルになるものを毎号2つ3つ選んで紹介していきたいと思います」とある。これは、貿易の自由化により、日本に海外製品が輸入販売されることを予測して、海外製品を模倣する段階から競合ライバルとなりデザイン情報を入手し社内で共有して、刺激を受けようとしていたのであろう。

グッド・ライバルの第1回で取り上げられた製品はステレオで、ドイツのGRUNDIGとTELEFUNKENが各2機種紹介されている。その中でTELEFUNKENの「SAIZBURG 5386 WK」（図4－13）のデザインを見ると「飛鳥」の発売前に、欧州ではローボーイスタイルのステレオが存在していたことが確認できる。松下電器のデザイン部門では、海外のデザイン情報を十分に入手しており、欧米製品のデザインを分析することで、日本の強みを活かしたデザイン開発を推進できる状況[93]にあり、欧米の模倣から脱した日本独自のデザイン開発が目標となっていたのは明らかである。

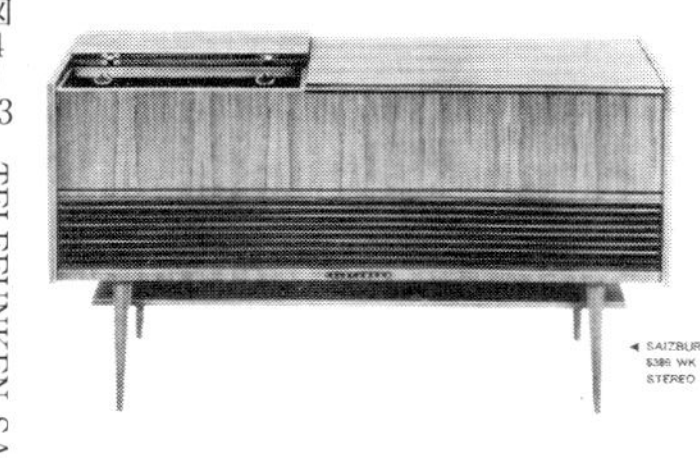

図4－13　TELEFUNKEN SAIZBURG 5386WK　『NATIONAL DESIGN NEWS』、1963（昭和38）年6月1日発行

松下電器における日本的デザイン

松下電器における本格的な企業内デザイン活動は真野善一によってスタートしたため、デザインの考え方、造形手法に関しても真野の与えた影響は大きかったと思われる。1953（昭和28）年にデザイナーとして入社した菊池禮は、ヒアリングに対して「真野と共にデザイン制作をしたことのあるデザイナーは、一様に真野の造形力とスケッチ力にはかなわなかった」と述べている。真野は、デザイン責任者として組織を運営すると共に、自らもデザイナーとして製品をデザインし、デザインコンクールでも受賞している。その中で、1953年の毎日新聞社主催第二回新日本工業デザインコンクールにおいては、ラジオ受信機のデザインで特選を受賞している。このラジオ受信機のデザインについて、1993年に行われたインタビュー記事[94]に「『桂離宮を見学した時に、もっと日本的な感じを電気製品に取り入れたいと考えて』デザインしたとの言葉通り、当時欧米一辺倒の風潮の時代に、日本美を加味した画期的なものであった」とある。この記事の聞き手は、1960年代に松下電器でデザイナーとして勤務していた宇賀洋子であり、真野自身の「桂離宮を見学した時に、もっと日本的な感じを電気製品に取り入れたいと考えて」という言葉を受けて、「当時欧米一辺倒の風潮の時代に、日本美を加味した画期的なものであった」と評していることから、日本的なものを近代的なデザインに活かすことが当時のデザイン界において評価される行為であったと推測できる。

真野の日本的なものに対する考え方は、その後の社内デザイン職能誌『NATIONAL

DESIGN NEWS』の記事にも表れ、商品別の事業部に分かれてデザイン開発に携わっていたデザイナーへも影響を与えたことは容易に想像できる。表４−１は、１９６３年から１９６４年の『NATIONAL DESIGN NEWS』の特集記事タイトルと表紙を一覧にしたものであるが、情報として発信されている内容に大きな変化を見ることができる。

１９６３年に発行された職能誌の記事内容は、欧米の生活を意識したものが目立ち、表紙も先進的な未来をイメージするものである。ところが、翌年の１９６４年になると、記事の内容は、デザインと人間性、デザインと国際性といったデザインの本質的な議論が記事として掲載され、表紙では、伝統的な日本のものと現代における日本的なものの新旧を対比させて表現している。

以上のような松下電器におけるデザイン職能としての情報発信が、直接的に「飛鳥」や「嵯峨」で表現された日本的な家具調デザインの成立プロセスに関わっているとは考え難いが、個々のデザイナーの考え方、発想に少なからず影響を与えたと推察できる。

3　製品デザイン間の影響

１９６０年代の松下電器における製品デザイン開発は、製品別の事業部に分かれて在籍するデザイナーによって行われていた。しかし、事業部デザイン部門間の情報交流が活発であったことは、前節で紹介した『NATIONAL DESIGN NEWS』の記事からも確認でき

	1963（昭和38）年 2月1日発行	1963（昭和38）年 6月1日発行	1963（昭和38）年 8月1日発行	1963（昭和38）年 10月1日発行
NATIONAL DESIGN NEWS		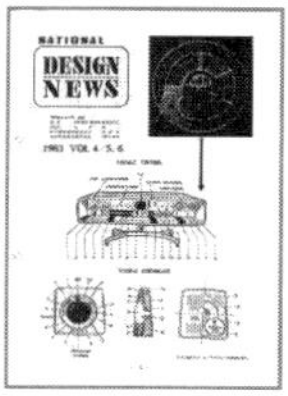		
特集 記事タイトル	欧州工業デザイン視察団特集　欧州の電気機器について／デザイン研究グループ発足	デザインも自由化する　座談会国産品と舶来品／表紙：私のドリームデザイン	バカンス時代というが　座談会バカンスとデザイン	デザイナーは今後いかにあるべきか　座談会デザイナーの未来像
	1964（昭和39）年 2月29日	1964（昭和39）年 5月10日	1964（昭和39）年 6月30日	1964（昭和39）年 9月30日
NATIONAL DESIGN NEWS				
特集 記事タイトル	意匠部門に望む：社長松下正治／今年のデザイン目標：真野善一／人間味のあるデザインを／民族伝統から人類伝統へ／吾々はいま何をすべきか／国際的視野に立つ	デザインの人間性と国際性／デザイン協議会営業所合同会議の成果	エレクトロ時代に処して：専務中尾哲二郎／海外でひろったデザイン／材料研究グループ発表会	すべてが人間のために―デザインと人間―：豊口克平／デザインの人間性と国際性

表4－1
『NATIONAL DESIGN NEWS』表紙と記事タイトル

る。以下、「嵯峨」の創作者と「飛鳥」の創作者へのヒアリングより、デザイン創出の経緯について考察する。

「嵯峨」創作者へのヒアリング

２００７（平成19）年7月16日に実施した「嵯峨」の創作者（デザイナー）橋本實へのヒアリング内容について、以下に要点をまとめる。

①橋本實は、木材工芸を学び家具デザインを専門としていたことから、常に家具の動向には注意を払っていた。特に、当時のデザイン界で注目されていた北欧家具、デーニッシュ・モダン・デザインには、「嵯峨」開発前より注目していた。

②当時の松下電器テレビ事業を取り巻く環境は、オリンピック後の景気後退で販売が頭打ちになっていたため、厳しい経営状況であった。事業部として需要を喚起する方法を探していたとき、経営幹部から安いものをではなくヨーロッパの考え方で商品をつくれと指示があり、デザインもアメリカ思考からヨーロッパ思考に変わり、高級家具のリアルウッドを意識したデザインを検討した。

③テレビ受像機のデザイン開発は、年度デザイン計画に基づいて進められていた。デザイン開発は、コンペティション形式で行われることが多く、「嵯峨」も橋本が率いるチームと森川が率いるチームの2チームでの競争となった。橋本のチームは、ものとしての価

値を高めることを考えた。狭い住宅事情であったが、住宅空間からの発想ではなく、テレビ受像機が居間の中心に存在する価値を買ってもらいたかった。

④ステレオ「飛鳥」に影響されたのではないかと言われることがあるが、同時期にデザイン開発されたステレオ「宴」を参考にしてデザインした。スピーカーグリル桟で音開口部が足りないことから技術課題となるが、企画会議でデザイナー自ら説明し、事業部幹部からデザイン提案に対する共感を得て実現した。

⑤企画会議では、品格のあるデザインが求められた。その理由としては、当時の本部長時實隼太が欧州の視察をしており、欧州の家具に価値があるのは、品格のあるデザインであると感じていたからである。そして、その品格をつくっているのが本物の素材を使用しているからであるとしたことから天然木に拘った。

⑥天然木の使用に、売価で3、000円アップが許された。キャビネットは北米からの輸入ウォールナット材を合板にし、脚と面縁は雑木であったブナが本物だが安かったので使用した。たくさん売れたために、ブナの自然林を減少させた。

⑦ウレタン塗料は、強く硬く傷つき難くいため、当時の高級家具に使われていた。オープンポア仕上げは、少々の傷は気にならず、つや消し目止め[95]しない生地を生かした塗装法を月何万台も量産する機種で使ったことに価値があった。家具は少量生産が当たり前であったが、テレビ受像機は大量生産品を前提にしていたため、生産台数に大きな差があったからである。

⑧当初は、品川工場で生産したが、売れるようになり、キャビネットはオリエント工業[96]で生産した。天然木であったため色が合わない状況が発生し、デザイン品質管理のために、毎日工場に行なった。「嵯峨」以前のテレビ受像機に使用されていた木目模様のプラスチック化粧版は、印刷によって木目模様を表現していたため、同様の再現性が量産においても可能であったが、「嵯峨」は、天然木を使用したために木目模様も色もばらつきが発生するのは当たり前であった。

⑨和風ネーミングは、ステレオの影響であったが、「嵯峨」のネーミングは落ち着いた感じで良かった。一番は、見たらわかる本物の木、どっしりして、しっとりしていることがネーミングの魅力と重なった。「嵯峨」のデザインとネーミングは、一体で開発された訳ではない。恐る恐る発売したが、結果は売れた。

ヒアリングより、「嵯峨」が採用した天然木は、コストアップの要因であったが、重要な価値付け手段と事業部幹部に認識されていたことがわかる。⑤については、時實が１９６５（昭和40）年６月に米国を視察している[97]ことから、米国市場で北欧デザインの家具や北欧デザインに影響された米国メーカーのテレビ受像機を見てきたことからの発言と推測する。「嵯峨」のデザインは、事業部門責任者の天然木への拘りが背景にあって、実現したと言えるだろう。

「飛鳥」創作者へのヒアリング

２００８（平成20）年12月19日に実施した「飛鳥」の創作者（デザイナー）高田宗治へのヒアリング内容について、以下に要点をまとめる。

①高田宗治は、京都市立美術大学（現京都市立芸術大学）でデザインを学んで１９５６（昭和31）年に卒業し、真野善一が非常勤講師をしていたことから松下電器に入社した。入社後はステレオのデザインを担当したが、昭和30年代のステレオ業界は、日本ビクター[98]と日本コロムビアが業界をリードしていた。松下幸之助は企画会議で「ビクターはお兄さん、お前たちは子供だからビクターに学べ」とよく言っていた。

②「飛鳥」の造形発想のきっかけは、デザイン室の窓から下を見た時にあった木製ベンチ。細長く断面が矩形の材木が平行に並んでできていた。木製ベンチから造形のヒントを得てデザインスケッチを10案ぐらい描いた。事業部内にあった木工工場の職人にお願いして模型を３台か４台つくり、デザイン検討がスタートした。

③基本となるスタイルは既にあり、ローボーイスタイルのステレオは、アメリカの会社が発売していた。「飛鳥」がそれまでのステレオのスタイルと異なるのは、スピーカー部がサランネットではなく木の桟を使用していることである。スピーカー桟は、ステレオ音においても効果的であった。

④昭和30年代は、剣持勇がジャパニーズ・モダンを提唱していたが、影響を受けたわけで

はない。後に、「飛鳥」の造形は「校倉造り」からヒントを得たと言われるが、「校倉造り」をヒントにして造形したのではない。松下電器社内誌『松風』編集者の企画で正倉院まで行き、「校倉造り」を背景にスケッチしている場面を撮った写真が記事になったことから、社内では「飛鳥のデザインは校倉造り」と言われるようになった。「飛鳥」に続く「宴」、「潮」は、意図的にデザイン開発された。

⑤「飛鳥」の開発時の製品名称は、「エンペラー」であった。松下幸之助が2、000万円出すから宣伝しろと言ったことから、宣伝部が考えたのが「飛鳥」であった。価格決定の場で日本名を要請したのも松下幸之助であった。

⑥題字は、何人かの書家で検討され、当時女流書家で活躍していた町春草に決まった。毛筆による「飛鳥」の題字デザインが日本的であったことと、松下電器社内誌『松風』[99]に載った正倉院校倉造りの前での写真により、社内的に「飛鳥」は日本的なデザインであるとのイメージが定着した。

⑦テレビ事業部で「嵯峨」がデザイン開発されていたことは知っていたが、「嵯峨」のデザイナーとデザイン検討したことはない。「宴」のデザインが「嵯峨」のデザインに影響を与えたと聞いたことがある。

以上から、「嵯峨」よりも先に発売され日本調デザインの代表とされるステレオ「飛鳥」は、創作時において、意図的に日本調でデザインされたのではないことがわかった。

高田へのヒアリング内容④を確認するために、松下電器社内誌『松風』について、「飛鳥」が発売された1964年12月以降を対象に調査したところ、1965年7月1日発行の巻頭特集「ヒット商品をめざして」で正倉院の前でスケッチをする高田宗治の写真が掲載されていることが確認できた。図4-14の左頁の右側でスケッチブックを持っているのが高田である。写真のキャプションには、「デザイン担当者は古寺をめぐり、古代建築の中に製品デザインのヒントをつかみます」とある。記事の中には、「需要家のかたがたに人気を呼び、ヒットしたこの『飛鳥』、『宴』は、決して一朝一夕にできあがったものではありません。長い間の地道で、たえまない努力が、企画、研究、製造、販売部門一体となって、つづけられてきた成果なのです……需要家のかたがたが『飛鳥』『宴』のすばらしさを認めていただけるように、適切な宣伝を行なった事業部の活躍を見逃せません」の記述があり、和風ネーミングと一連の広告宣伝が社内的にも評価されていたことがわかる。

ヒアリング内容⑤より、開発時の製品名称は和風ではなく、当時ステレオにおいて一般的であった洋風のネーミングであったことがわかった。管見の限りでは、ステレオにおいて和風ネーミングが使用されたのは、「飛鳥」が初めてである。また、松下電器において製品デザインの記述として「校倉造り」の表現が使用されたのは、『松風』で「飛鳥」が紹介されたこの記事が初出である。『松風』によってつくられた「飛鳥」のデザイン起源が、後で製品化された「嵯峨」のイメージづくりにも影響を与えた可能性は高いと推測できる。

「校倉造り」については、三洋電機「日本」でも、1965（昭和40）年10月18日付『朝

図4－14
松下電器社内誌『松風』1965年7月号　1965（昭和40）年7月1日発行

日新聞』夕刊一面広告のデザイン記述で、「日本の伝統美・あぜくら造りを基調としたこの優雅と格調」とある。松下電器社内誌『松風』との影響関係については確認できていないが、三洋電機は戦後松下電器より分かれて創業した会社であり、松下電器と三洋電機は共に大阪に本社を置いていたことから、松下電器の社内誌ではあるが『松風』の記事内容が三洋電機のテレビ受像機の開発関係者に伝わっていたことは十分考えられる。このような状況の中で、スピーカーグリル桟については、同様の造形認識があったことから宣伝広告におけるデザイン記述に「校倉造り」が使用されたと考えられる。

当時の高田の造形に対する考え方について、松下電器産業㈱意匠部が1965（昭和40）年6月20日に発行した『NATIONAL DESIGN・2』19頁に、高田自身が寄稿した記事があるので紹介する。

「端正な置き方でないと気のすまないケジメの意識が、日本人の、ことにこの京都のオバサンの精神である……幼少のころこんな環境で育った関係かどうかわからんが、小生も直線、平行、直交がたいへん好きだ。長い平行線は美しい……SE-200を造形した動機も、案外こんなところにあったのではないか……営業で『飛鳥』などと古い時代のニックネームをつけたことについて、はじめデザインを誤解しているぞ、と思った。今でもそう思っているが、自分ではこのような数寄屋造りとか校倉のような日本古来の印象めいたものは全くイメージになかったし、もっと前向きのもののつもりでいた。これが『飛鳥』と命名されて世人に何の不自然もなく受け入れられているのは、やはり端正な置き方でないと気のすまない伝統的な京都の生まれである小生の、ケジメの意識によったのかも知れない……造形上でもっと本当のことをいうと、GE（アメリカ）のステレオに、飛鳥よりでかいテレコ付で、飛鳥に似たlow type[100]で横長のプロポーションのものがある。工場長がこんな奴をひとつやってみようか……ということではじまった」

『NATIONAL DESIGN・2』の記述とヒアリングから、創作者の意識が「飛鳥」造形の背景にあり、日本的なものを意図的に創作したのではなく、自らに染みついていた日本的なものが造形に結びついていると推察する。そして、「飛鳥」の日本的イメージは、やはり社内誌『松風』が契機となって形成されたことがわかる。ヒアリング内容③のアメリカの会社とは、『NATIONAL DESIGN・2』の記述よりGEと推測できるが、類似のタイプがGE製にあったとしている点については、今回の調査では機種の断定には至っていない。

このように、「飛鳥」のデザイン創出過程においては、デザイナー自身の造形への拘りが強かったことがわかる。しかし、「飛鳥」のデザインを伝える言語とイメージは宣伝広告によってつくられたと言えるだろう。

「飛鳥」「宴」「嵯峨」の比較

表4－2は、テレビ受像機「嵯峨」と「嵯峨」に影響を与えたステレオ「飛鳥」「宴」を比較したものである。

発売は、「飛鳥」が1964（昭和39）年12月で、その5ヵ月後に「宴」、10ヵ月後に「嵯峨」である。デザイナーは各事業部に分かれていたが、デザイン部門社内誌でわかるように情報交流はあり、「嵯峨」のデザイン開発に「飛鳥」「宴」のデザインが影響を与えたと見る方が妥当であろう。価格は、「飛鳥」が125,000円で、1965年の1世帯あたりの実収入が月65,000円（表1-1）であったことから高級機種であったとわかるが、「宴」「嵯峨」は、価格設定より大量販売が狙いであったと推測できる。

題字は、「飛鳥」「宴」が女流書家の町春草であり、「嵯峨」は板画家の棟方志功である。書家は異なるが、和風ネーミングの毛筆書体は共通のイメージを持っている。

形態特徴の共通点は、スピーカーグリル桟である。[101] 桟の素材は、「飛鳥」が天然木の突板で、「宴」「嵯峨」は一見すると木質に見えるが塩化ビニールの押出成型品で、コストダウンのための材料選択であったことは明らかである。「飛鳥」をデザインした高田によると、『宴』は『飛鳥』を意識して企画、デザインされた。『飛鳥』の市場評価は良かったが、高価であったため2,000台程度しか売れなかったからだ」と述べており、「宴」は「飛鳥」の普及タイプとして企画されたことがわかる。スピーカーグリル桟について、「飛鳥」は生産数量が少なかったために金型を必要とする成型品は採用されなかったが、「宴」は大量生産を前提として材料単価を抑えるために成型品が使用され、「嵯峨」は「宴」を参考にしたために桟の素材も「宴」と同じ塩化ビニールの押出成型品を使用したと推測する。

新聞広告デザイン記述中の大文字による強調は筆者によるものである。

キャビネットは、「飛鳥」、「宴」が木目模様のプラスチック化粧板を使用した鏡面仕上げ

愛称	飛鳥（あすか）	宴（うたげ）	嵯峨（さが）
発売月	1964（昭和39）年12月	1965（昭和40）年4月	1965（昭和40）年10月
品番	SE-200	SE-6500	TC-96G
現金正価	125,000円	67,800円	73,800円
意匠創作者	高田宗治	岡部健	橋本實
意匠権	1964（昭和39）年10月31日出願（登録番号247110）	1965（昭和40）年3月19日出願（登録番号257656）	該当意匠登録なし
題字書家	町春草	町春草	棟方志功
新聞広告 デザイン 記述	1965（昭和40）年5月4日 讀賣新聞（夕刊）	1965（昭和40）年4月9日 讀賣新聞	1965（昭和40）年10月27日 讀賣新聞
	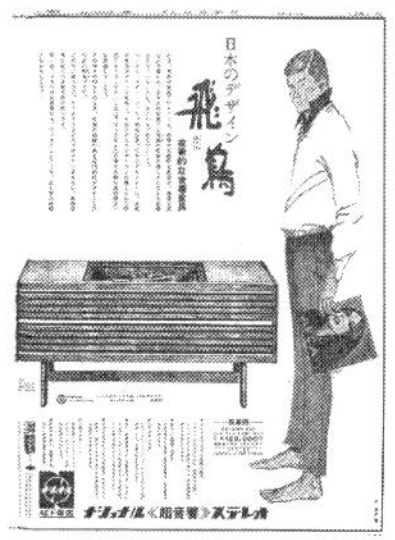	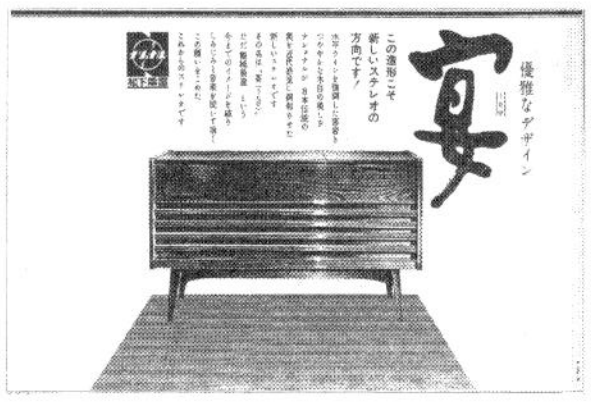	
	日本のデザイン飛鳥 いま、世界のデザイナーは、日本の伝統的な家具の、簡素な美に心を奪われ、日本人の珍重する生地や直線の美しさに大きな影響を受けていることを、あなたもご存知でしょう。　ハイカラ・モダン・シック。明治以来、日本のデザイナーは、西洋の家具デザインを勉強し、それらのエキゾチズムに捕らえられた時代もありましたが、いまでは、はっきりと〈日本の伝統の美の高さ〉を認識しています。 その誇りの中から生まれ、**日本の伝統の美**を近代的にデザインしたのが〈飛鳥〉です。和・洋、どちらのお部屋にも、すっきりととけこみ、ふしぎな典雅さをかもします。	**優雅なデザイン** このステレオこそ　新しいステレオの方向です！ 水平ラインを強調した落ち着き　つややかな木目の美しさ　ナショナルが　**日本伝統の美**を近代感覚に調和させた　新しいステレオです	**優雅なデザイン** 暮しにとけこんだテレビを、静かに味わっていただくために、実現した黄金シリーズ“嵯峨”。話題のステレオ“飛鳥”・“宴”・“潮”などとともに日本美シリーズのもつ優雅さをお楽しみください。 高級ウォールナット材の豪華さ 木の肌合いを生かしたウォールナットに、高級ツヤ消しオイル仕上げした純家具調デザインです。
キャビネット	ポリエステル化粧板	ポリエステル化粧板	ウォールナット突板とブナ無垢材
グリル桟	ウォールナット突板	塩化ビニール押出成型	塩化ビニール押出成型

表4－2
「飛鳥」「宴」「嵯峨」の比較

である。「嵯峨」はキャビネットにウォールナットの突板、脚と天板の面縁にブナの無垢材を使用しており、天然木を使用している。しかし、スピーカーグリル桟が成型品であることから「校倉造り」の造形が重要視されていなかったと見ることもできる。

新聞広告のデザイン記述では、共通して日本の伝統を意識したデザインであるとして、「飛鳥」「宴」は「日本の伝統の美」を使用し、「宴」「嵯峨」は「優雅なデザイン」を使用している。「飛鳥」「宴」「嵯峨」は、連続性をもった「日本美シリーズ」として企画された共通性のある広告展開が行われており、日本的なイメージ形成は広告戦略による面が大きいと言えるだろう。

「飛鳥」「宴」共にステレオとしての機器部分を隠すことができているが、「嵯峨」は、扉付きでないために、ブラウン管面と操作部を隠すことができていない。テレビ受像機は、仮に扉付きであっても視聴時に画面を隠すことは不可能である。デザイナーにとって、ステレオを家具に見せることは容易であったが、テレビ受像機を家具に見せることは難しかったであろう。そのため、「嵯峨」は家具に見せるための有効な手段として天然木の木質感表現に拘ったと推測できる。

「嵯峨」が「飛鳥」「宴」から受けた影響

今回のヒアリングからは、「嵯峨」の創作者橋本と「飛鳥」の創作者高田の間で、デザイン開発に関わる情報交換が直接行われたとの証言を得ることはできなかった。

デザイン開発上の課題について、橋本へのヒアリング内容④では「（『飛鳥』の）スピーカーグリル桟で音開口部が足りないことから技術課題となるが、企画会議でデザイナー自ら説明し、事業部幹部からデザイン提案に対する共感を得て実現した」とあるが、高田へのヒアリング内容③では「スピーカー桟は、ステレオ音においても効果的であった」とある。スピーカーグリル桟の素材の違いによるものと推測するが、「嵯峨」にとって企画会議での議題となるような技術課題について、同様の素材を使用していた「宴」の技術ノウハウが活かされていないことがわかる。これは、製品開発上の技術的な詳細ノウハウの共有までは行われていなかったためと思われる。

しかし、橋本へのヒアリング内容④の「同時期にデザイン開発されたステレオ『宴』を参考にしてデザインした」と、高田へのヒアリング内容⑦の「テレビ事業部で『嵯峨』がデザイン開発されていたことは知っていた……『宴』のデザインが『嵯峨』のデザインに影響を与えたと聞いたことがある」は、内容が一致しており、社内誌、社内デザイン職能誌、社内ザイン職能内の協議会、委員会等の活動を通じて、デザイン情報は共有されていたと推測できる。

「飛鳥」「宴」「嵯峨」の発売月を時系列に並べると、以下のとおりである。

１９６４年12月：「飛鳥」発売
１９６５年４月：「宴」発売
１９６５年７月１日：社内誌『松風』に「飛鳥」「宴」が掲載

1965年10月：「嵯峨」発売

「嵯峨」が「飛鳥」「宴」から受けた影響について考察するとき、7月1日発行の社内誌『松風』で、「飛鳥」と共に「宴」についても大きく取り上げられていることに注目したい。「宴」に関する記事としては、「宴」が展示されたショールームの写真（図4－15右上）のキャプションとして「大阪神電化センターのステレオコーナーは人、人、人……。『飛鳥』『宴』が関心の的です」とある。また、手紙の仕分けをしている写真（図4－15中央下）のキャプションとして「北は北海道、南は九州のお客さんから、カタログ請求、問い合わせの手紙が殺到しています」とあり、「宴」の発売から3ヵ月が経過して販売の成果がでてきたことをアピールしている。

「嵯峨」のスピーカーグリル桟が実現したのは、橋本の言うように「企画会議でデザイナー自ら説明」したことも要因であったと思われるが、社内誌『松風』記事で「飛鳥」「宴」の市場評価が伝えられていたことも要因であろう。社内での評価が高まっていたことは、経営幹部の意思決定を後押しし、「宴」と同様のスピーカーグリル桟のデザインを実現する上で有効に働いたと見ることができる。

4　意匠登録に見る創作の経緯

表4－3は、テレビ受像機の意匠登録から家具調テレビ「嵯峨」の形態特徴である張り

図4－15
松下電器社内誌『松風』1965年7月号（1965（昭和40）年7月1日発行）

出願日		登録番号	登録日		創作者（筆頭者）	意匠権者	タイプ	家具調特徴の有無			図番号
								天板	グリル	脚	
1963（昭和38）年	12月21日	240106	1964（昭和39）年	8月21日	金安博正	日本コロムビア株式会社	ローボーイ	○	×	○	図4－16
1964（昭和39）年	7月10日	254468	1965（昭和40）年	11月20日	藤井孝史	株式会社日立製作所	ローボーイ	○	×	○	図4－17
1964（昭和39）年	9月10日	253947	1965（昭和40）年	11月12日	鈴木武夫	早川電機工業株式会社	ローボーイ	○	×	○	図4－18
1964（昭和39）年	11月27日	253860	1965（昭和40）年	11月6日	西村好男	三菱電機株式会社	コンソール	○	×	○	図4－19
1964（昭和39）年	12月1日	254154	1965（昭和40）年	11月16日	金安博正	日本コロムビア株式会社	ローボーイ	○	×	○	図4－20
1964（昭和39）年	12月3日	254250	1965（昭和40）年	11月16日	青山展久	東京芝浦電気株式会社	ローボーイ	○	×	○	図4－21
1965（昭和40）年	6月4日	271087	1967（昭和42）年	5月18日	白井良和	三洋電機株式会社	コンソール	○	×	○	図4－22
1965（昭和40）年	7月3日	271092	1967（昭和42）年	5月18日	大山幸家	三洋電機株式会社	コンソール	○	△	○	図4－23
1965（昭和40）年	7月28日	271100	1967（昭和42）年	5月18日	池谷伸治	三洋電機株式会社	コンソール	○	○	×	図4－24
1965（昭和40）年	8月24日	266425の類似1	1968（昭和43）年	1月19日	橋本　実	松下電器産業株式会社	ローボーイ	○	×	○	図4－25
1965（昭和40）年	8月24日	271846	1967（昭和42）年	6月6日	橋本　実	松下電器産業株式会社	ローボーイ	○	×	○	図4－26
1965（昭和40）年	8月24日	271848	1967（昭和42）年	6月6日	橋本　実	松下電器産業株式会社	ローボーイ	○	×	○	図4－27
1965（昭和40）年	8月24日	271848の類似1	1967（昭和42）年	6月6日	橋本　実	松下電器産業株式会社	ローボーイ	○	×	○	図4－28
1965（昭和40）年	8月24日	275076	1967（昭和42）年	9月27日	橋本　実	松下電器産業株式会社	ローボーイ	○	×	○	図4－29
1965（昭和40）年	8月24日	275078	1967（昭和42）年	9月27日	橋本　実	松下電器産業株式会社	ローボーイ	○	×	○	図4－30
1965（昭和40）年	8月24日	279807	1968（昭和43）年	1月19日	橋本　実	松下電器産業株式会社	コンソール	○	×	○	図4－31
1965（昭和40）年	8月24日	279807の類似1	1967（昭和42）年	6月6日	橋本　実	松下電器産業株式会社	コンソール	○	×	○	図4－32
1965（昭和40）年	9月17日	271100の類似2	1967（昭和42）年	5月18日	八木和昭	三洋電機株式会社	コンソール	○	○	×	図4－33
1965（昭和40）年	9月18日	271100の類似1	1967（昭和42）年	5月18日	八木和昭	三洋電機株式会社	コンソール	○	○	×	図4－34
1966（昭和41）年	1月26日	271100の類似3	1968（昭和43）年	12月12日	夏目弘光	三洋電機株式会社	コンソール	○	○	○	図4－35

表4－3
意匠登録に見る家具調テレビの出現

出した天板、スピーカーグリル桟、本体と一体感のある脚の3要素について、2要素以上有しているものを抽出し、意匠出願日順に並べたものである。特徴の有無については、◯、×で表記したが、1965年7月3日出願の三洋電機（図4－23）のスピーカーグリル桟は、操作部によって分断されていることから△で表記した。

テレビ受像機の意匠登録において、単純な矩形キャビネットから脱して家具の形態要素を取り入れたデザインの意匠出願がでてくるのは、1963年末からである。この頃、米国のテレビ受像機においては、北欧デザインの影響を受けたキャビネットがデザインされ、特にローボーイタイプに家具様式が採用されている。[102] 日本においても、日本コロムビア（図4－16）、日立製作所（図4－17）、早川電機（図4－18）より米国の影響からと思われるローボーイタイプの出願が見られる。1964年末になるとコンソールタイプでも「嵯峨」の形態特徴を取り入れた出願が確認できる。コンソールタイプについて詳細に見ると、1964年11月27日出願の三菱電機（図4－19）、1965（昭和40）年6月4日出願の三洋電機（図4－22）の意匠に天板と脚の特徴が確認できる。意匠登録は、製品化する意匠のみを出願するものではなく、将来製品化の可能性のあるもの、他社を牽制する意味を持つものについても出願することが通例であることから、「嵯峨」の形態特徴を持ったデザインを検討していたのは、松下電器だけではなかったことがわかる。また、当時の意匠登録は、出願から登録まで1年から2年かかっていることから、家具調テレビのデザイン検討は、他社製品のデザインを見て起こった動きではなく、デザイン潮流としてあったと推測できる。デザイン創作の起源は、デザイナー自身の着想にあるが、デザインされた時代のデザイン潮流と無関係とは言えないだろう。

意匠登録されたテレビ受像機のデザインを見る限り、「嵯峨」の形態特徴3要素を持つ最初の意匠出願は、１９６６年1月26日出願の登録番号２７１１０類似3の三洋電機コンソールタイプ（図４－35）である。この意匠は、出願図を見ると、脚部がキャビネット本体と別部品であり、出願日が「嵯峨」発売後であることから、「嵯峨」の部品構成を見た上での出願である可能性がある。本意匠の登録番号２７１１０は、１９６５年7月28日の出願で、登録番号２７１１０の類似意匠としては、登録番号２７１１０類似1と類似2があり、これらは三洋電機が１９６５年10月に発売した「日本」の意匠であるが、図４－35は、製品として発売されておらず「嵯峨」のデザインを意識して、牽制の目的で意匠出願されたとも考えられる。三洋電機の意匠登録を出願順に見ると、スピーカーグリル桟を主たる特徴としてデザイン展開されていることから類似の要素はスピーカーグリル桟であり、１９６５年7月28日出願の登録番号２７１１０に遡って意匠権を取得することが可能であったことがわかる。

松下電器は、１９６５年8月24日出願で「嵯峨」の形態特徴である張り出した天板と本体と一体感のある脚の2要素で合致した意匠登録が8件ある。これらは、社史で紹介されている図４－10のスケッチ案を基に出願されており、この時点でスピーカーグリルについては、「嵯峨」の形態特徴と合致した意匠登録は確認できない。8件の内7件について共通

図 4－16
コロムビア　意匠240106

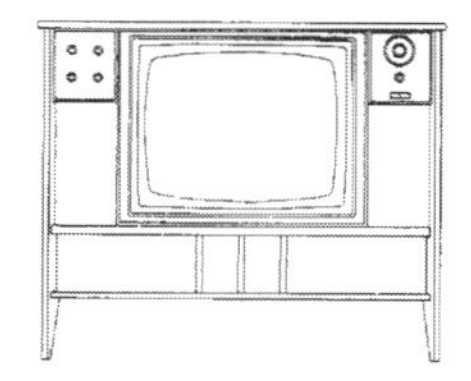

図 4－17
日立　意匠254468

図 4－18
早川　意匠253947

図 4－19
三菱　意匠253860

図 4－20
コロムビア　意匠254154

図 4－21
東芝　意匠254250

図 4－22
三洋　意匠271087

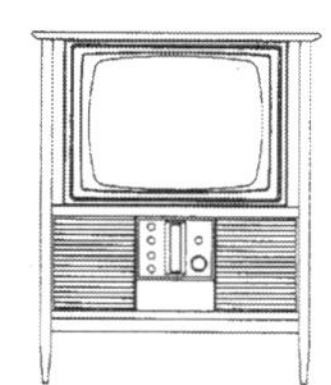

図 4－23
三洋　意匠271092

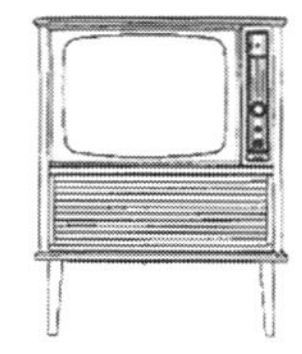

図 4－24
三洋　意匠271100

図 4－25
松下　意匠266425-1

図4－26
松下　意匠271846

図4－27
松下　意匠271848

図4－28
松下　意匠271848

図4－29
松下　意匠275076

図4－30
松下　意匠275078

図4－31
松下　意匠279807

図4－32
松下　意匠279807-1

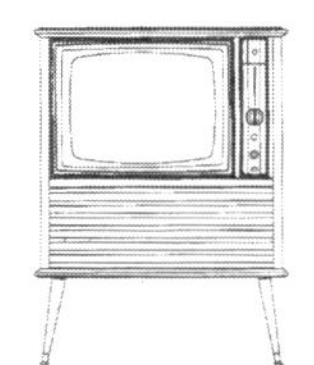

図4－33
三洋　意匠271100-2

図4－34
三洋　意匠271100-1

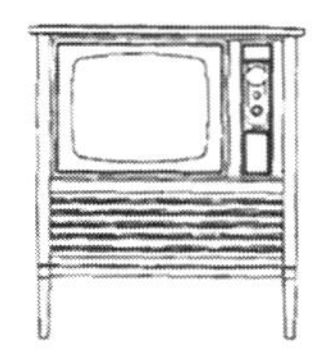

図4－35
三洋　意匠271100-3

図4－36
松下電器　本意匠登録番号266425

する形態特徴は、コントロールパネルである。また、登録番号266425類似1（図4-25）の本意匠である登録番号266425（図4-36）はコンソレットタイプであり、この意匠との類似点もコントロールパネルである。

これらのことから、松下電器はコントロールパネルを主たる特徴としてデザイン展開し、意匠出願していたことがわかる。スピーカーグリル桟については、当初の意匠出願段階では重要視されていなかったことが見てとれる。結果として、「嵯峨」の形態特徴3要素を持った意匠権は、松下電器より約1ヵ月前に出願された三洋電機の登録番号271110を本意匠として登録番号271110類似3（図4-35）が意匠権を取得している。

1961年に松下電器テレビ事業部に入社したデザイナー荒井英一はヒアリングに対し、「三洋電機『日本』との間で意匠権問題があった」と述べている。「嵯峨」の新聞広告調査によると、発売当初の広告にはなかった「意匠登録出願中」の表記が、1966（昭和41）年3月3日付『朝日新聞』夕刊以降の「嵯峨」の広告で確認できることから、荒井の話による意匠権の防衛的な意味を持つものと推測できる。社史にある最終モデル（図4-11）の意匠は、類似出願したが三洋電機の登録番号271110類似3（図4-35）によって拒絶された可能性が高いと推測できる。

5　まとめ

本章では、家具調テレビのデザイン成立過程を創作者の視点より明らかにするために、家具調テレビ「嵯峨」に関して、主として文献調査とヒアリング調査より考察した。その内容について、以下のようにまとめることができる。

1　「嵯峨」の独自性

日本における昭和40年代のデザイン潮流は、海外、特に北欧デザインから学ぶことで日本独自のデザインを模索した時期であったため、テレビ受像機のデザインも、北欧デザイン主にデーニッシュ・モダン・デザインに影響を受けている。そのため、それまでは海外のテレビ受像機デザインに強い影響を受けていたが、家具調テレビ「嵯峨」は、同様に北欧デザインの影響を受けた米国のテレビ受像機デザインを模倣したものではなかった。

2　松下電器の開発状況

「嵯峨」は、松下電器テレビ事業部の標準化プロジェクトから生まれた機種で、標準化の目的は、コストダウンのために機種展開を容易にすることであった。一方、販売を伸ばす手段としてデザインによる価値付けの方法が検討され、採用されたのが家具調デザインであった。「嵯峨」は、標準化プロジェクトがベースにあったことから、生産工場の展開が容易であり、需要の拡大に応えられる供給が可能な機種であった。

松下電器のデザイン部門では、海外から入手したデザイン情報が社内誌の『NATIONAL DESIGN NEWS』によって事業部に分かれていたデザイナーに提供され、デザイナー間の情報も共有されていた。松下電器のデザイナーは、日本独自のデザイン開発を推進できる状況の中で、海外製品の模倣ではないデザインを求めていたのである。そのひとつの回答として、「飛鳥」のデザインが生まれたが、創作者の高田自身も発想の起源について『NATIONAL DESIGN・2』で、自身が幼い頃に育った京都の環境との関わりに言及している。すなわち、意図的ではなく日本という国の文化で育った人間がデザインしたものに日本調が現れたと言えるだろう。

3　ステレオ「飛鳥」「宴」からの影響

「嵯峨」に影響を与えたとされる「飛鳥」は、日本的なものから影響を受けて着想、創造された訳ではなく、和風ネーミングの宣伝広告により日本調デザインの典型となった。その契機となったのは、「飛鳥」の創作者である高田を正倉院の校倉造りの前で撮った写真が、松下電器社内誌『松風』の記事として掲載されたことによる。

「嵯峨」は創作者の橋本によれば、同時期に開発された「宴」に影響されたと言われており、「宴」は高田によれば、「飛鳥」に影響され意図して日本調デザインで企画されたと言われている。すなわち、「嵯峨」は「飛鳥」が契機となりつくりだされた家具調ステレオのデザインをテレビ受像機に展開し、家具調テレビとして実現したと言える。

４　家具調テレビの意匠登録

意匠公報を見る限り、松下電器はコントロールパネルを主たる造形特徴として類似意匠展開しているのに対して、三洋電機はスピーカーグリル桟を主たる造形特徴として類似意匠展開している。そして、「嵯峨」の形態特徴３要素を具備した最初の意匠登録は、三洋電機より出願されている。「嵯峨」と同様のデザイン特徴を検討していたのは、松下電器だけではなく、三菱電機、三洋電機においても行われており、家具調テレビが生まれる背景には、当時のデザイン潮流があったことがわかる。

このように、家具調テレビのデザイン創出は、創作者の発想によるところが大きいが、工業製品のデザインを一新するには、設計、生産に対する投資を必要とするため慎重にならざるをえない面がある。メーカー各社が需要を喚起する手段として家具調デザインを採用したのは、その時代と地域の文化、経済、生活状況を背景にして生活者が購入し受け入れたためであり、その結果が家具調テレビの様式をつくったと言えるだろう。

おわりに

テレビは、20世紀を代表する発明のひとつであり、情報娯楽メディアとして生活になくてはならないものになっている。テレビ受像機は、放送局から送信される番組を受信する機器として、生活空間の中で生活様式の変化と共にデザインを変容させてきた。本書は、日本におけるテレビ受像機のデザイン変遷について、草創期から普及期、成熟期に至る過程を明らかにすると共に日本独自のデザインとされる家具調テレビの成立について検証したものである。

戦前の日本におけるテレビ開発状況は、世界的に見ても決して遅れていた訳ではなく、高柳らによって１９４０（昭和15）年開催予定の東京オリンピックに向けて実用化が進められていた。しかし、戦争による開発の中断で、戦後になって開発を再開した時には、欧米先進諸国との開発状況には大きな差ができていた。そのため、１９５３年の本放送開始に向けたテレビ受像機の開発においては、欧米先進諸国からの技術導入と共にデザインも手本として導入された経緯がある。

昭和20年代は、テレビの普及啓蒙活動として、「街頭テレビ」が設置され多くの生活者にテレビの魅力を知らしめることとなる。草創期のテレビ受像機は、大衆にとって高嶺の花と思われる価格であったが、購入しやすい状況づくりとしての「貸テレビ」「月賦販売」により次第に一般家庭に普及していった。１９５０年代初頭の欧米では、オールインワンタイプを最高級機種として、コンソールタイプとテーブルタイプで画面サイズによる機種展開が行われていた。これらのデザインは、日本製品のデザインにも影響を与え、テーブルタイプに着脱可能な４本の丸脚を付けたコンソレットタイプは、昭和30年代の主流となる。その理由としては、ユカ坐とイス坐の生活が混合した和洋折衷の生活様式に合致したことによると考えられる。しかし、欧米のデザインが全て日本の生活者に受け入れられた訳ではなく、扉付きのコンソールタイプは高級機種では製品化されたが普及はしなかった。また、オールインワンタイプは、高級機種としてではなくステレオとの一体型でコストパフォーマンスの良い機種であるとして導入された。

昭和30年代後半に主流となったコンソールタイプにも４本の丸脚が付いているが、これも米国にあったテレビ受像機の形態を導入したもので、日本独自の発想からデザインされたものではなかった。この時期、カラーテレビ受像機が市場投入されるが、白黒テレビ受像機との価格差から販売は伸びなかった。一方、白黒テレビ受像機は、普及期を終えて買い替え需要が主となり、生活者の購入を喚起する手段として各社ともデザインに注力するようになる。このような状況の中から、昭和40年代はじめに生まれたのが家具調テレビであった。

家具調テレビの創作背景には、当時、世界的なデザイン潮流としてあったデーニッシュ・モダン・デザインがある。米国でも同様に家具調デザインによるテレビ受像機の機種展開が行われたが、デザイン創作の経緯より、米国のデザインは日本の家具調テレビに直接的な影響を与えていないことが見てとれる。一方、カラーテレビ受像機の低価格化に応える形で普及機として導入されたのがセット台一体型のテーブルタイプであった。昭和50年代になると、セット台一体型においてもステレオ放送開始に合わせて両袖タイプの豪華な家具調デザインが出現する。しかし、一方で画面だけのシンプルなモニタースタイルが放送を受信するだけのテレビではないオーディオ、ビデオとのシステム性を考えたスタイルとして現われ次第に主流となった。

家具調テレビを代表する典型的なデザインのひとつとされるのが、1965年10月に松下電器より発売された「嵯峨」である。当時の松下電器の新聞広告によると、「嵯峨」以前の機種より広告記述として「家具調」が使用されており、各社の広告においても「家具調」の記述が確認できる。そして、次第に「家具調」を表現するデザインの機種が各社より発売されたことから、広告記述の「家具調」が「家具調デザイン」を誘発した要因のひとつになったと考えられる。「家具調」の意味は、当初「欧米家具調」といった記述もあることから和風、日本調と必ずしも一致するものではなかったが、「嵯峨」のデザインが和風ネーミングと共に大量広告されたために、家具調テレビは、日本調のイメージを獲得し、「嵯峨」がその典型になったと推測できる。

「嵯峨」のデザイン特徴は、張り出した天板、スピーカーグリル桟、本体と一体感のある脚、天然木の木質感表現である。特に木質感表現は、その後の木目塩ビシートの開発によって上質なイミテーションが可能となり、家具調デザインの機種展開を拡大することとなる。また、「嵯峨」は、シリーズ展開されており、初代「嵯峨」とは差別化された多様なデザインが展開されている。すなわち、「嵯峨」シリーズは、白黒テレビ受像機の需要を喚起するためにデザインされ、常に新たな価値をデザインで生むことを目的としていた。

「嵯峨」が生まれた背景には、その時代の市場動向があるが、デザインについては、個々のデザイナーによるところが大きい。「嵯峨」の創作者である橋本へのヒアリング調査とカタログ調査より、「嵯峨」は、デーニッシュ・モダン・デザインの影響を受けたが、同様に影響を受けた米国のテレビ受像機の模倣ではないことがわかった。「嵯峨」を生んだデザイン開発環境として、松下電器デザイン部門では、1960年よりデザイン職能機関誌として『NATIONAL DESIGN NEWS』を発行しており、海外よりデザインの考え方、開発手法を学んでいたことから、日本独自のデザイン開発の推進が必要であるとの認識を持っていたことがわかる。

「嵯峨」のデザインは、松下電器のステレオ「飛鳥」に影響されているとの言説がある。しかし、「嵯峨」は、同時期に開発されていたステレオ「宴」の影響を受けており、「宴」は、上位機種であったステレオ「飛鳥」の影響を受けている。「飛鳥」は、現在においても日本調を代表するデザインとされているが、「飛鳥」をデザインした高田によると、日本調を狙ってデザインした訳ではない。日本調とされるのは、「飛鳥」の開発について掲載した松下電器社内誌『松風』の広報宣伝によって、「校倉づくり」の日本的造形イメージが付けられたことが始まりである。

家具調テレビの特徴が創出された経緯を意匠登録の出願順に見ていくと、「嵯峨」の形態特徴3要素（張り出した天板、スピーカーグリル桟、本体と一体感のある脚）を具備した最初の意匠出願は、三洋電機からである。三洋電機は、「嵯峨」と同じ、１９６５（昭和40）年10月に同様の家具調デザインをコンセプトとした「日本」を発売しており、家具調テレビが生まれた背景には、同時代のデザイナーが経験したデザイン潮流があったと考えられる。

このように、デザインは、デザイナーの個人的な創作行為によってつくられるものであるが、創作された時代と社会における技術動向、市場動向、生活動向が背景にある。テレビ受像機は、欧米先進諸国から導入されたデザインの中で日本の生活に相応しいものだけが残っていった。そして、企業におけるデザインの導入により、次第に日本独自のデザイン開発が重視され、その結実として家具調テレビが生まれたと見ることができる。すなわち、日本独自のデザインは、日本の生活文化に誘発されて創造され、生活者に受容されて様式となったと言えるだろう。テレビ受像機におけるデザインの特質は、草創期より家具に見せることであり、そのために木質感表現が重視されていた。「嵯峨」における天然木のツキ板使用が代表であるが、素材が塩ビシートになっても木質感表現が重視されたのは、イミテーションであっても木質感が持つ住空間における素材の意味性が、生活者に重要視されたためと考えられる。

本書においては、日本におけるテレビ受像機のデザイン変遷を明らかにすることを目的として、白黒テレビの草創期よりカラーテレビの普及期までを対象とし、特に日本独自のデザインとされる家具調テレビについて、可能な限り詳細を明らかにした。テレビ受像機は、映像表示部品、電子部品の進歩と生活者の受容変化により、現在もデザインは変容しており、今後の展開を考える上で、本書で示した歴史的考察がひとつのきっかけとなることを期待して、本書の結びとしたい。

注・参考文献

81　ジョージ・ネルソン（George Nelson）は、1908（明治41）年、米国生まれの建築家で多くの建築、デザイン関連の著作を出版する。特に、1946（昭和21）年から20年間ハーマンミラー社のデザイン部長を務める。

82　指物とは、釘などを使用せず、木の板と板を差し合わせてつくられた家具や調度品の総称、またはその技法をいう。

83　島田信『デンマーク　デザインの国』（学芸出版、56-59頁、2003）で、ブームの理由を「戦争中の効率優先の工業製品しか馴染みがなかったアメリカ人にとって、スカンジナビアのハンディクラフトは新鮮な驚きでした」と分析している。

84　第2章「3. 2. 家具調テレビ」参照。

85　図4-1~4-8の出典は「Television History—The First 75 Years」http://www.tvhistory.tv/index.html（2008.12）の海外製品カタログによる。

86 第2章「2.2.新聞広告に見る家具調の記述」参照。

87 第2章「2.昭和40年代のテレビ受像機」参照。

88 『テレビ事業部門25年史資料』(松下電器産業株式会社、1978)「職制表(昭和39年5月21日)」による。

89 『松下電器五十年の略史』(松下電器産業株式会社、1968)、『テレビ事業部門25年史』(松下電器産業株式会社、1978)、『九州松下電器25年のあゆみ』(九州松下電器産業株式会社、1980)を参照し作成。

90 『九州松下電器　25年のあゆみ』(九州松下電器株式会社、104頁、1980)、に「昭和四十二年十一月からは高級タイプの大型白黒テレビ〝嵯峨シリーズ〟の生産が開始された」とある。

91 「パナソニックミュージアム松下幸之助歴史館」展示の「嵯峨」(2008年12月)との比較による。

92 松下のかたち(松下電器産業株式会社、9頁、1980)。

93 松下のかたち(松下電器産業株式会社、11頁、1980)において、1960年代の松下電器デザイン部門では、デザイナーの教育として真野による「鳥」テーマの「造形訓練」、研究会として「日本の伝統研究」「デザインの国際性の研究」を開催する体制があったことが記述されている。

94 デザイン学研究特集号第1巻第1号(日本デザイン学会、26頁、1933)。

95 目止めとは、塗装する前の木地に砥粉や胡粉などをすり込んで表面の小孔をふさぎ、表面を滑らかにすることをいう。

96 1957(昭和32)年5月設立、松下電器テレビ事業部の協力工場として、木製テレビキャビネットを製造していた。

97　『テレビ事業部門25年史』（松下電器産業株式会社、342頁、1978）。

98　日本ビクターは、1953（昭和28）年3月に松下電器の資本傘下になるが、当時の社長松下幸之助の考えで「犬のマーク」を使用してビクターのブランドで製品を販売していた。

99　『松風』は、松下電器の社内報として社員全員に配布されていた。創刊は1954年5月1日。2001年秋号（10月）通巻498号まで発行。1965年当時の部数は、当時の従業員数から約25000部程度と推定できる。

100　「Low type」とは、高田へのヒアリングより「Low boy type」のことである。

101　「パナソニックミュージアム松下幸之助歴史館」展示の「飛鳥」、「宴」、「嵯峨」の観察調査（2008年12月）による。

102　第2章「3. 2. 家具調テレビ（1）米国の家具調デザイン」参照。

あとがき

夢を描くことが仕事のひとつであるデザイナーにとって、テレビ受像機の未来は、壁に掛けることであり、紙のように曲がることでした。そして、ラスベガスで開催された世界最大の家電見本市ＣＥＳ２０１９で、韓国の総合電機メーカーＬＧはフレキシブル有機ＥＬディスプレイを採用した65インチ「巻き取り式」テレビ受像機を製品化すると発表しました。デザイナーたちが半世紀前に描いたアイデアスケッチやプロトタイプモデルが現実になっています。

テレビの草創期と比べて現在のテレビ視聴スタイルは大きく変化し、住空間だけでなく街中や電車の中ではスマートフォンで、自動車の中ではダッシュボードに取り付けた画面で観ることができます。しかし、この半世紀で最も変わったのは、リビングに置かれているテレビ受像機ではないでしょうか。ブラウン管の入った大きな家具のようなテレビ受像機は、液晶パネルに代表される薄型表示デバイスによって奥行き数センチのシンプルな額のようになりました。このようにテレビ受像機のデザインは技術革新によって生まれ、変容し、生活者の受容によって定着してきたと言えます。

「家具調テレビ」のデザインは、テレビの普及期において、それまで生活者が見たこともない製品であったテレビ受像機を住空間に受け入れる上で最適なデザインでした。

筆者が１９７９年に松下電器に入社し、テレビ本部デザインセンターでデザイナーとして仕事を始めたとき、多くのデザイナーは家具調テレビのスケッチを描き、デザインモデルをつくっていました。本書は、筆者がテレビ受像機のデザイン開発に関わるよりも前に開発された製品を対象として記述しています。歴史は当事者が残すよりも、他者が一定の距離を置いた上で疑問を持つことにより、より客観的で、批判的な視点で残すことを良しとしたいからです。

昭和の時代に各家庭の居間で観られていたメインの大型テレビ受像機は、全て家具調テレビでした。大型と言ってもブラウン管の時代ですから、20インチから29インチ程度の画面でした。テレビ受像機を開発製造する会社のデザイン部門としては、将来、実現が可能になるであろう技術を考慮してデザインし、それをアドバンスデザインとしてプロトタイプモデルにしていました。しかし、現実に製品化されるデザインは家具調テレビでした。その主な理由は、生活スタイル、居住スタイルは簡単には変わらないとの認識があったためです。そんな中で、若いデザイナーとして家具調テレビのデザインに対しては疑問がありました。特に、表面材料として使用されていた木目塩ビシート、木目ホットスタンプシートなどです。各社が如何に本物らしく見える木目シートをつくるかで印刷技術を競っていました。本物らしく見えるだけでなく触っても本物らしくするために、木目同調エンボス加工が開発されました。こうした本物に似せたモノづくりがなぜ必要で、どのような流れで行なわれたのかを知りたいと思いました。本書の基になる研究調査のスタートはここにあります。

1980年にソニーがモニタースタイルの「プロフィール」を発売したことで、状況が一変しました。当時各社でテレビ受像機のデザイン開発に関わっていたデザイナーは誰もが、先を越されたと悔しく思ったに違いありません。そして、後を追うようにモニタースタイルのデザイン開発が行なわれ、多くの類似したデザインが商品化されました。しかし、生活の場面で使用されるテレビ受像機が一気にモニタースタイルになったわけではありません。

生活者が家具調テレビからモニタースタイルを受け入れるまでの期間に進められていた技術開発が薄型表示デバイスでした。１９８３年カシオが２・７インチモノクロ液晶を採用した「ポケット型液晶テレビ」を発売しました。１９８０年代は競って液晶パネルの開発を進めましたが製品化できたのは６インチ程度の小型のものでした。１９９３年松下電器も14インチカラーフラットパネルを採用した「カラーテレビ受像機ＴＨ-１４Ｆ１」を発売しました。１９９０年代後半になると、ノートパソコンで使用する液晶パネルの需要が高まり、液晶パネルのカラー化、画面サイズの大型化、画質の高精度化が進んでいきました。しかし、テレビ受像機の製品開発現場では、ブラウン管で実現している画面サイズを薄型表示デバイスで実現できるとは思っていませんでした。

２００１年にシャープが〈21世紀のわが家のテレビ〉として「20インチ液晶テレビＡＱＵＯＳ」を発売しました。その後の20年近い間で、テレビを取り巻く環境、特に技術革新は目覚ましいものがあります。50インチ、60インチのテレビ受像機が普通に購入できるようになり、ハイビジョンは４Ｋ、８Ｋと解像度を上げ、その都度、私たちは生活の中に取り込んできています。

製品デザインはそれぞれの時代のデザイン潮流はもちろん、技術開発が密接に関わっており、技術革新とともに新しいデザインが生まれてきました。テレビ受像機は常に技術開発を先導してきた製品です。大型化、薄型化、高精度化、フレキシブル化は、製品となってこれからも私たちの生活の中で活かされていくでしょう。そして、さらに次の夢を描いて実現していくことでしょう。未来のデザイナーたちがどのようなデザインを生みだすのか、本書が少しでもお役に立てれば幸いです。

最後に本書は、日本生活学会、日本デザイン学会、芸術工学会に投稿した論文を基にして加筆修正したものです。主題である家具調テレビのデザイン開発については、当時の様子を知るために松下電器の先輩デザイナーの方々より貴重な資料提供とヒアリングへのご協力を頂きました。深く感謝いたします。編集にあたっては三樹書房編集部の皆様、特に木南さんには、読みにくい文章、分かりにくい言葉などを整えて頂いたことについてお礼を申し上げます。また出版について多くのご助言を頂きました三樹書房の小林さん、山田さんにも深く感謝します。

協力
ソニー株式会社

増成和敏（ますなり・かずとし）

芝浦工業大学デザイン工学部デザイン工学科　生産・プロダクトデザイン系教授。
芝浦工業大学理工学研究科　機械工学専攻デザイン部門教授。
博士（芸術工学）2010年3月九州大学。

1979年　九州芸術工科大学工業設計学科卒業。
2007年　放送大学大学院文化科学研究科修了。
2010年　九州大学芸術工学府　博士後期課程修了。
1979年　松下電器産業株式会社（現パナソニック株式会社）入社。
1980年　テレビ本部デザインセンター配属。
海外市場向け（特にPAL、SECAM方式地域：欧州、中近東、中国）のテレビ受像機のプロダクトデザインを担当、その後、国内市場向けテレビ受像機のプロダクトデザイン、ディスプレイデザイン、プロジェクションテレビ、液晶テレビ、伝送品などのデザインを担当。
1993年～松下通信工業株式会社（現パナソニック株式会社）デザインセンターに異動。カーオーディオ、カーナビゲーション機器のプロダクトデザインとGUIデザインを担当、その後、携帯電話、情報通信機器のプロダクトデザインとGUIデザインを担当。
2006年～2009年「新日本様式」協議会事務局次長。
2009年～現職。

家具調テレビの誕生
テレビ受像機のデザイン変遷史

著者　増成和敏
発行者　小林謙一
発行所　三樹書房
〒101-0051 東京都千代田区神田神保町 1-30
TEL 03(3295)5398　FAX 03(3291)4418
http://www.mikipress.com

組版・装丁　言水制作室
印刷・製本　シナノ パブリッシング プレス